国家科学思想库
决策咨询系列

科技创新与美丽中国：西部生态屏障建设

科技支撑西部生物多样性保护

中国科学院生物多样性保护专题研究组

科学出版社
北　京

内 容 简 介

中国西部地区生物种类丰富，特有种比例高，是全球罕见的各生物门类家谱较为完整的区域。中国西部生态系统脆弱，面临着土地沙化、水土流失、冻融侵蚀等威胁。党的十五届五中全会把实施西部大开发、促进西部地区社会经济协调发展作为一项战略任务，具有重大的经济意义和政治意义，也具有重大的科学意义。

本书重点关注中国西部的青藏高原、云贵川渝地区、黄土高原、蒙古高原和北方防沙带等5个重要区域，从国家需求、国际关注、存在问题、领域布局、重点任务和阶段性发展目标等多个方面系统阐述了中国西部生态屏障建设中加强生物多样性保护的急迫性和重要性。

本书是我国第一部由国内生物多样性保护知名专家领衔，组织国内生物多样性保护骨干研究力量，全面系统阐述西部地区生物多样性保护战略的著作，可供生物多样性保护者、研究者、管理者和爱好者使用。

图书在版编目（CIP）数据

科技支撑西部生物多样性保护 / 中国科学院生物多样性保护专题研究组编. -- 北京：科学出版社，2024.10. --（科技创新与美丽中国：西部生态屏障建设）. ISBN 978-7-03-079699-8

Ⅰ. X176

中国国家版本馆 CIP 数据核字第 20249YN516 号

丛书策划：侯俊琳　朱萍萍
责任编辑：常春娥　姚培培 / 责任校对：邹慧卿
责任印制：师艳茹 / 封面设计：有道文化
内文设计：北京美光设计制版有限公司

科学出版社 出版
北京东黄城根北街16号
邮政编码：100717
http://www.sciencep.com
北京中科印刷有限公司印刷
科学出版社发行　各地新华书店经销

*

2024年10月第 一 版　开本：787×1092　1/16
2024年10月第一次印刷　印张：16 3/4
字数：210 000

定价：168.00元
（如有印装质量问题，我社负责调换）

"科技创新与美丽中国：西部生态屏障建设"战略研究团队

总负责

侯建国

战略总体组

常　进　高鸿钧　姚檀栋　潘教峰　王笃金　安芷生
崔　鹏　方精云　于贵瑞　傅伯杰　王会军　魏辅文
江桂斌　夏　军　肖文交

生物多样性保护专题研究组

组　长　魏辅文

成　员　（按姓氏拼音排序）

　　　　白永飞　中国科学院植物研究所
　　　　毕俊怀　内蒙古师范大学
　　　　蔡　磊　中国科学院微生物研究所
　　　　陈世龙　中国科学院西北高原生物研究所
　　　　陈世苹　中国科学院植物研究所

邓　涛　中国科学院昆明植物研究所
杜卫国　中国科学院动物研究所
冯　刚　内蒙古大学
韩　赟　中国科学院西北高原生物研究所
韩国栋　内蒙古农业大学
胡金明　云南大学
蒋学农　中国科学院昆明动物研究所
李保国　西北大学
李春旺　中国科学院动物研究所
李家堂　中国科学院成都生物研究所
李忠虎　西北大学
连新明　中国科学院西北高原生物研究所
梁　炜　中国科学院沈阳应用生态研究所
刘志民　中国科学院沈阳应用生态研究所
马克平　中国科学院植物研究所
平晓鸽　中国科学院动物研究所
乔格侠　中国科学院动物研究所
孙　航　中国科学院昆明植物研究所
王　科　中国科学院微生物研究所

王　扬	中国科学院植物研究所
王绪高	中国科学院沈阳应用生态研究所
魏辅文	中国科学院动物研究所
魏鑫丽	中国科学院微生物研究所
余静雅	中国科学院西北高原生物研究所
袁海生	中国科学院沈阳应用生态研究所
张　斌	内蒙古师范大学
张发起	中国科学院西北高原生物研究所
张同作	中国科学院西北高原生物研究所
赵莉蔺	中国科学院动物研究所
朱　江	中国科学院动物研究所
朱教君	中国科学院沈阳应用生态研究所

总　序

"生态兴则文明兴，生态衰则文明衰。"党的十八大以来，以习近平同志为核心的党中央把生态文明建设纳入"五位一体"总体布局和"四个全面"战略布局，放在治国理政的重要战略地位。构建生态屏障是推进生态文明建设的重要内容。习近平总书记在全国生态环境保护大会、内蒙古考察、四川考察、新疆考察、青海考察等多个场合，都突出强调生态环境保护的重要性，提出筑牢我国重要生态屏障的指示要求。西部地区生态环境相对脆弱，保护好西部地区生态，建设好西部生态屏障，对于进一步推动西部大开发形成新格局、建设美丽中国及中华民族可持续发展和长治久安具有不可估量的战略意义。科技创新是高质量保护和高质量发展的重要支撑。当前和今后一个时期，提升科技支撑能力、充分发挥科技支撑作用，成为我国生态文明建设和西部生态屏障建设的重中之重。

中国科学院作为中国自然科学最高学术机构、科学技术最高咨询机构、自然科学与高技术综合研究发展中心，服务国家战略需求和经济社会发展，始终围绕现代化建设需要开展科学研究。自建院以来，中国科学院针对我国不同地理单元和突出生态环境问题，在地球与资源生态环境相关科技领域，以及在西部脆弱生态区域，作了前瞻谋划与系统布局，形成了较为完备的学科体系、较为先进的观测平台与网络体系、较为精干的专业人才队伍、较为扎实的研究积累。中国科学院党组深刻认识到，我国西部地区在国家发展全局中具有特殊重要的地位，既是生态屏障，又是战略后方，也是开放前沿。西部生态屏障建设是一项长期性、系统性、战略性的生态工程，涉及生态、环境、科技、经济、社会、安全等多区域、多部门、多维度的复杂而现实的问题，影响广泛而深远，需要把西部地区作为一个整体进行系统研究，从战略和全局上认识其发展演化特点规律，把握其禀赋特征及发展趋势，为贯彻新发展理念、构建新发展格局、推进美丽中国建设提供科学依据。这也是中国科学院对照习近平总书记对中国科学院提出的"四个率先"和"两加快一努力"目标要求，履行国家战略科技力量职责使命，主动作为于2021年6月开始谋划、9月正式启动"科技支撑中国西部生态屏障建设战略研究"重大咨询项目的出发点。

重大咨询项目由中国科学院院长侯建国院士总负责，依托中国科学院科技战略咨询研究院（简称战略咨询院）专业化智库研究团队，坚持系统观念，大力推进研究模式和机制创新，集聚了中国科学院院内外60余家科研机构、高等院校的近

400位院士专家，有组织开展大规模合力攻关，充分利用西部生态环境领域的长期研究积累，从战略和全局上把握西部生态屏障的内涵特征和整体情况，理清科技需求，凝练科技任务，提出系统解决方案。这是一项大规模、系统性的智库问题研究。研究工作持续了三年，主要经过了谋划启动、组织推进、凝练提升、成果释放四个阶段。

在谋划启动阶段（2021年6～9月），顶层设计制定研究方案，组建研究团队，形成"总体组、综合组、区域专题组、领域专题组"总分结合的研究组织结构。总体组在侯建国院长的带领下，由中国科学院分管院领导、学部工作局领导和综合组组长、各专题组组长共同组成，负责项目研究思路确定和研究成果指导。综合组主要由有关专家、战略咨询院专业团队、各专题组联络员共同组成，负责起草项目研究方案、综合集成研究和整体组织协调。各专题组由院士专家牵头，研究骨干涵盖了相关区域和领域研究中的重要方向。在区域维度，依据我国西部生态屏障地理空间格局及《全国重要生态系统保护和修复重大工程总体规划（2021—2035年）》等，以青藏高原、黄土高原、云贵川渝、蒙古高原、北方防沙治沙带、新疆为六个重点区域专题。在领域维度，立足我国西部生态屏障建设及经济、社会、生态协调发展涉及的主要科技领域，以生态系统保护修复、气候变化应对、生物多样性保护、环境污染防治、水资源利用为五个重点领域专题。2021年9月16日，重大咨询项目启动会召开，来自院内外近60家科研机构和高等院校的

220余名院士专家线上、线下参加了会议。

在组织推进阶段（2021年9月～2022年9月），以总体研究牵引专题研究，专题研究各有侧重、共同支撑总体研究，综合组和专题组形成总体及区域、领域专题研究报告初稿。总体研究报告主要聚焦科技支撑中国西部生态屏障建设的战略形势、战略体系、重大任务和政策保障四个方面，开展综合研究。区域专题研究报告聚焦重点生态屏障区，从本区域的生态环境、地理地貌、经济社会发展等自身特点和变化趋势出发，主要研判科技支撑本区域生态屏障建设的需求与任务，侧重影响分析。领域专题研究报告聚焦西部生态屏障建设的重点科技领域，立足全球科技发展前沿态势，重点围绕"领域—方向—问题"的研究脉络开展科学研判，侧重机理分析。在总体及区域、领域专题研究中，围绕"怎么做"，面向国家战略需求，立足区域特点、科技前沿和现有基础，研判提出科技支撑中国西部生态屏障建设的战略性、关键性、基础性三层次重大任务。其间，重大咨询项目多次组织召开进展交流会，围绕总体及区域、领域专题研究报告，以及需要交叉融合研究的关键方面，开展集中研讨。

在凝练提升阶段（2022年10月～2024年1月），持续完善总体及区域、领域专题研究报告，围绕西部生态屏障的内涵特征、整体情况、科技支撑作用等深入研讨，形成决策咨询总体研究报告精简稿。重大咨询项目形成"1+11+N"的研究成果体系，即坚持系统观念，以学术研究为基础，以决策咨询为目标，形成 1 份总体研究报告；围绕 6 个区域、5 个领域专题研究，形成 11 份专题研究报告，作为总体研究报告的附件，既分别自成体系，又系统支撑总体研究；面向服务决策咨询，形成 N 份专报或政策建议。2023 年 9 月，中国科学院和国务院研究室共同商议后，确定以"科技支撑中国西部生态屏障建设"作为中国科学院与国务院研究室共同举办的第九期"科学家月谈会"主题。之后，综合组多次组织各专题组召开研讨会，重点围绕总体研究报告要点，西部生态屏障的内涵特征和整体情况，战略性、关键性、基础性三层次重大科技任务等深入研讨，为凝练提升总体研究报告和系列专报、筹备召开"科学家月谈会"释放研究成果做准备。

在成果释放阶段（2024 年 2~4 月），筹备组织召开"科学家月谈会"，会前议稿、会上发言、会后汇稿相结合，系统凝练关于科技支撑西部生态屏障建设的重要认识、重要判断和重要建议，形成有价值的决策咨询建议。综合组及各专题组多轮研讨沟通，确定会上系列发言主题和具体内容。2024 年 4 月 8 日，综合组组织召开"科技支撑中国西部生态屏障建设"议稿会，各专题组代表参会，邀请有关政策专家到会指导，共同讨论凝练核心观点和亮点。4 月 16 日上午，第九期"科学家月谈会"召开，侯建国院长和国务院研究室黄守宏主任共同主持，12 位院士专家参加座谈，国务院研究室 15 位同志参会。会议结束后，侯建国院长部署和领导综合组集中研究，系统凝练关于科技支撑西部生态屏障建设的重要认识、重要判断和重要建议,并指导各专题组协同联动凝练专题研究报告摘要,形成总体研究报告摘要、11份专题研究报告摘要对上报送,在强化西部生态屏障建设的科技支撑上发挥了积极作用。

经过三年的系统性组织和研究,中国科学院重大咨询项目"科技支撑中国西部生态屏障建设战略研究"完成了总体研究和6个重点区域、5个重点领域专题研究,形成了一系列对上报送成果,服务国家宏观决策。时任国务院研究室主任黄守宏表示,"科技支撑中国西部生态屏障建设战略研究"系列成果为国家制定相关政策和发展战略提供了重要依据,并指出这一重大咨询项目研究的组织模式,是新时期按照新型举国体制要求,围绕一个重大问题,科学统筹优势研究力量,组织大兵团作战,集体攻关、合力攻关,是新型举国体制一个重要的也很成功的探索,具有体制模式的创新意义。

在研究实践中,重大咨询项目建立了问题导向、证据导向、科学导向下的"专家+方法+平台"综合性智库问题研究模式,充分发挥出中国科学院体系化建制化优势和高水平科技智库作用,有效解决了以往相关研究比较分散、单一和碎片化的局限,以及全局性战略性不足、系统解决方案缺失的问题。一是发挥专业研究作用。战略咨询院研究团队负责形成重大咨询项目研究方案,明确总体研究思路和主要研究内容等。之后,进一步负责形成了总体及区域、领域专题研究报告提纲要点,承担总体研究报告撰写工作。二是发挥综合集成作用。战略咨询院研究团队承担了融合区域问题和领域问题的综合集成深入研究工作，在研究过程中紧扣重要问题的阶段性研究进展，遴选和组织专家开展集中式研讨研判，鼓励思想碰撞和相互启发，通过反复螺旋式推进、循证迭代不断凝聚专家共识，形成重要认识和判断。同时，注重吸收青藏高原综合科学考察、新疆综合科学考察、全国生态系统调查评估、全国矿产资源国情调查等最新成果。三是强化与政策研究和主管部门的对接。依托中国科学院与国务院研究室共同组建的中国创新战略和政策研究中心，与国务院研究室围绕重要问题和关键方面，开展了多次研讨交流和综合研判。重视与国家发展和改革委员会、科技部、自然资源部、生态环境部、水利部等主管部门保持密切沟通，推动有关研究成果有效转化为相关领域政策举措。

"科技支撑中国西部生态屏障建设战略研究"重大咨询项目的高质高效完成，是中国科学院充分发挥建制化优势开展重大智库问题研究的集中体现，是近400位院士专家合力攻关的重要成果。据不完全统计，自2021年6月重大咨询项目开始谋划以来，项目组内部已召开了200余场研讨会。其间，遵循新冠疫情防控要求，很多研讨会都是通过线上或"线上+线下"方式开展的。在此，向参与研究和咨询的所有专家表示衷心的感谢。

重大咨询项目组将基础研究成果，汇聚形成了这套"科技创新与美丽中国：西部生态屏障建设"系列丛书，包括总体研究报告和专题研究报告。总体研究报告是对科技支撑中国西部生态屏障建设的战略思考，包括总论、重点区域、重点领域三个部分。总论部分主要论述西部生态屏障的内涵特征、整体情况，以及科技支撑西部生态屏障建设的战略体系、重大任务和政策保障。重点区域、重点领域部分既支撑总论部分，也与各专题研究报告衔接。专题研究报告分别围绕重点生态屏障区建设、西部地区生态屏障重点领域，论述发挥科技支撑作用的重点方向、重点举措等，将分别陆续出版。具体包括：科技支撑青藏高原生态屏障区建设，科技支撑黄土高原生态屏障区建设，科技支撑云贵川渝生态屏障区建设，科技支撑新疆生态屏障区建设，科技支撑西部生态系统保护修复，科技支撑西部气候变化应对，科技支撑西部生物多样性保护，科技支撑西部环境污染防治，科技支撑西部水资源综合利用。

西部生态屏障建设涉及的大气、水、生态、土地、能源等要素和人类活动都处在持续发展演化之中。这次战略研究涉及区域、领域专题较多，加之认识和判断本身的局限性等，系列报告还存在不足之处，欢迎国内外各方面专家、学者不吝赐教。

科技支撑西部生态屏障建设战略研究、政策研究需要随着形势和环境的变化，需要随着西部生态屏障建设工作的深入开展而持续深入进行，以把握新情况、评估新进展、发现新问题、提出新建议，切实发挥好科技的基础性、支撑性作用，因此，这是一项长期的战略研究任务。系列丛书的出版也是进一步深化战略研究的起点。中国科学院将利用好重大咨询项目研究模式和专业化研究队伍，持续开展有组织的战略研究，并适时发布研究成果，为国家宏观决策提供科学建议，为科技工作者、高校师生、政府部门管理者等提供参考，也使社会和公众更好地了解科技对西部生态屏障建设的重要支撑作用，共同支持西部生态屏障建设，筑牢美丽中国的西部生态屏障。

总报告起草组

2024 年 7 月

前　言

生物多样性是人类发展的基础，它为人类提供了丰富多样的生产生活必需品、健康安全的生态环境和独特别致的景观文化，它维系着地球生态系统能量和物质循环，是山水林田湖草沙生命共同体的重要基础，是地球生命共同体的血脉和根基。

中国是生物多样性大国，西部是我国生物多样性重点分布区域。全球共36个生物多样性热点区，其中主要或部分在我国境内的4个生物多样性热点区全部位于西部地区。西部地区物种丰富，高等植物占我国高等植物总数的70%；特有种比例高，动物特有种占全国的50%~80%；青藏高原更是世界山地物种最主要的分布与形成中心。西部生态屏障区生态系统脆弱，自然本底状况较差，容易受到气候变化等因素的威胁，与东部相比，还面临着土地沙化、土地盐渍化、水土流失、冻融侵蚀等威胁。

作为快速发展的全球第二大经济体，如何有效保护生物多样性，实现经济社会可持续发展，始终是我国面临的一项艰巨挑战。近年来，我国西部地区生态环境发生重大变化，西北暖

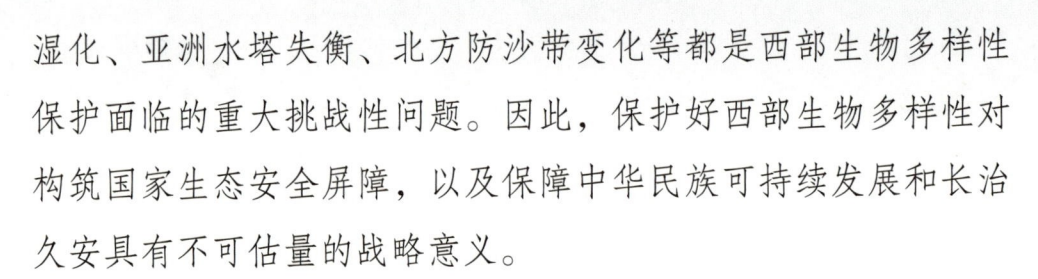

湿化、亚洲水塔失衡、北方防沙带变化等都是西部生物多样性保护面临的重大挑战性问题。因此，保护好西部生物多样性对构筑国家生态安全屏障，以及保障中华民族可持续发展和长治久安具有不可估量的战略意义。

党的十八大以来，以习近平同志为核心的党中央把生态文明建设作为统筹推进"五位一体"总体布局和协调推进"四个全面"战略布局的重要内容。习近平生态文明思想结合中国的传统生态文化，形成了一套全新的人与自然关系的伟大思想，已经成为与联合国可持续发展目标高度契合，引领全球生物多样性保护和绿色发展的理念，也为我国西部的生物多样性保护工作指明了方向。

中国科学院是我国生物多样性保护研究的权威科学机构，半个世纪以来中国科学院组织实施了青藏高原、横断山脉、秦岭、三北、南水北调等大型区域和经常性的中小型区域自然综合考察，以及不计其数的专题研究，这些花费了科学家无数心血的研究成果，为未来我国生物多样性保护科学研究奠定了重要基础。

中国科学院重大战略咨询项目"科技支撑中国西部生态屏障建设战略研究"生物多样性保护专题研究组发挥中国科学院的体系化建制化优势，组建由本领域知名科学家牵头的5个区域工作组，即青藏高原研究组（组长：陈世龙研究员）、云贵川渝地区研究组（组长：孙航院士）、黄土高原研究组（组长：李保国教授）、蒙古高原研究组（组长：乔格侠研究员）和北方防沙带研究组（组长：朱教君院士），院内外共23个单位70余位科研人员参加，开展了历时一年多的科学咨询研究，完成了生物多样性保护专题研究报告，这是我国第一部全面系统阐述西部地区生物多样性保护的战略咨询报告。报告提出了关于西部地区生物多样性保护的3个战略性重大任务、6个关键性科技任务和4个基础性科技任务，为未来我国西部地区的生物多样性保护研究工作指明了方向。

各章主要撰写人如下。第一章：魏辅文（中国科学院动物研究所）、平晓鸽（中国科学院动物研究所）；第二章：陈世龙（中国科学院西北高原生物研究所）、李家堂（中国科学院成都生物研究所）、张发起（中国科学院西北高原生物研究所）、张同作（中国科学院西北高原生物研究所）、余静雅（中国科学院西北高原生物研究所）、连新明（中国科学院西北高原生物研究所）、韩赟（中国科学院西北高原生物研究所）；第三章：孙航（中国科学院昆明植物研究所）、邓涛（中国科学院昆明植物研究所）、蒋学农（中国科学院昆明动物研究所）、胡金明（云南大学）；第四章：李保国（西北大学）、李忠虎（西北大学）；第五章：乔格侠（中国科学院动物研究所）、冯刚（内蒙古大学）、白永飞（中国科学院植物研究所）、杜卫国（中国科学院动物研究所）、蔡磊（中国科学院微生物研究所）、韩国栋（内蒙古农业大学）、李春旺（中国科学院动物研究所）、陈世苹（中国科学院植物研究所）、魏鑫丽（中国科学院微生物研究所）、朱江（中国科学院动物研究所）、赵莉蔺（中国科学院动物研究所）、王扬（中国科学院植物研究所）、王科（中国科学院微生物研究所）、张斌（内蒙古师范大学）、毕俊怀（内蒙古师范大学）；第六章：朱教君（中国科学院沈阳应用生态研究所）、王绪高（中国科学院沈阳应用生态研究所）、梁炜（中国科学院沈阳应用生态研究所）、袁海生（中国科学院沈阳应用生态研究所）、刘志民（中国科学院沈阳应用生态研究所）、冯刚（内蒙古大学）；第七章：魏辅文（中国科学院动物研究所）、朱江（中国科学院动物研究所）。

最后，特别感谢生物多样性保护专题研究组编写团队各位科学家的辛勤工作和无私奉献，大家在工作中明确了使命，理清了思路，结下了友谊，希望我们未来继续合作，共同为我国的生物多样性保护做出更大的贡献。

魏辅文

2024 年 7 月

目　录

i	总序
xi	前言

1	**第一章　总论**
2	第一节　我国西部生物多样性保护的战略形势
9	第二节　我国西部生物多样性保护的战略体系
10	第三节　我国西部生物多样性保护的战略任务
12	第四节　我国西部生物多样性保护的战略保障

15	**第二章　青藏高原生物多样性保护**
16	第一节　青藏高原生物多样性保护战略形势
28	第二节　青藏高原生物多样性保护战略体系
30	第三节　青藏高原生物多样性保护战略任务
39	第四节　青藏高原生物多样性保护战略保障

43	**第三章　云贵川渝生物多样性保护**
44	第一节　云贵川渝生物多样性保护战略形势
64	第二节　云贵川渝生物多样性保护战略体系

| 68 | 第三节 | 云贵川渝生物多样性保护战略任务 |
| 74 | 第四节 | 云贵川渝生物多样性保护战略保障 |

78　第四章　黄土高原生物多样性保护

79	第一节	黄土高原生物多样性保护战略形势
93	第二节	黄土高原生物多样性保护战略体系
99	第三节	黄土高原生物多样性保护战略任务
117	第四节	黄土高原生物多样性保护战略保障

124　第五章　蒙古高原生物多样性保护

125	第一节	蒙古高原生物多样性保护战略形势
157	第二节	蒙古高原生物多样性保护战略体系
160	第三节	蒙古高原生物多样性保护战略任务
170	第四节	蒙古高原生物多样性保护战略保障

175　第六章　北方防沙带生物多样性保护

177	第一节	北方防沙带生物多样性保护战略形势
214	第二节	北方防沙带生物多样性保护战略体系
217	第三节	北方防沙带生物多样性保护战略任务
222	第四节	北方防沙带生物多样性保护战略保障

227　第七章　结语

231　参考文献

第一章 总论

第一节　我国西部生物多样性保护的战略形势

一、前沿态势

生物多样性是人类赖以生存和发展的基础，维系着地球生态系统能量和物质循环，是山水林田湖草沙生命共同体的重要基础。根据生物多样性和生态系统服务政府间科学政策平台（The Intergovernmental Science-Policy Platform on Biodiversity and Ecosystem Services，IPBES）于2019年发布的《生物多样性和生态系统服务全球评估报告》，自1970年以来，人类活动改变了75%的陆地表面和66%的海洋环境，物种灭绝速率比正常高出100~1000倍，约百万物种面临灭绝的风险。

一方面，全球36个生物多样性热点区中，主要或部分在我国的4个生物多样性热点区全部位于西部地区。根据《西部地区重点生态区综合治理规划纲要（2012—2020年）》，西部地区物种丰富，特有种比例高，是全球物种形成与分化的热点区，高等植物占我国高等植物总数的70%，动物特有种占全国的50%~80%。2022年，西南五省的脊椎动物新种发现量占全国的66.7%（江建平等，2023）。另一方面，西部生态屏障区生态系统脆弱，自然本底状况较差，更容易受到气候变化等因素的威胁。此外，大规模清洁能源的部署和开发也对当地的生物多样性保护产生了重要影响。

生物多样性保护是人类共同关心的问题，国际社会于1992年签署了《生物多样性公约》（Convention on Biological Diversity，CBD），致力于生物多样性保护、生物多样性组成成分的可持续利用和公正合理分享由利用遗传资源所产生的惠益。为了有效遏制生物多样性丧失趋势，我国作为《生物多样性公约》第十五次缔约方大会的主席国，引领国际社会达成了"昆明–蒙特利尔全球生物多样性框架"（简称"昆蒙框架"），为全球生物多样性治理明确了路径。

习近平总书记高度重视生物多样性保护，在联合国生物多样性峰会上提出要"共建万物和谐的美丽家园"[①]，在《生物多样性公约》第十五次缔约方大会（Fifteenth Meeting of the Conference of the Parties，COP15）领导人峰会上向全世界提出了"共建地球生命共同体"和"构建人与自然和谐共生的地球家园"的倡议[②]。近年来，我国相继出台了《关于进一步加强生物多样性保护的意见》《中共中央 国务院关于全面推进美丽中国建设的意见》《中共中央办公厅 国务院办公厅关于加强生态环境分区管控的意见》等一系列指导意见，发布了《中国生物多样性保护战略与行动计划（2023—2030年）》，显示出了保护生物多样性的雄心和决心。

二、相关举措

40多年来，我国高度重视生态保护，相继开展了"三北"防护林体系工程、天然林资源保护工程、退耕还林（草）工程等一系列重大生态工程，推进了以国家公园为主体的自然保护地体系和以国家植物园体系为引领的植物迁地保护网络建设，初步构筑了生态安全屏障格局，生态环境质量总体持续向好。

---

① 习近平在联合国生物多样性峰会上的讲话（全文）. http://www.xinhuanet.com/politics/leaders/2020-09/30/c_1126565287.htm[2023-02-06].

② 习近平在《生物多样性公约》第十五次缔约方大会领导人峰会上的主旨讲话（全文）. http://www.news.cn/politics/leaders/2021-10/12/c_1127949005.htm[2023-02-06].

在科研任务布局上，科学技术部会同相关部门组织实施了"典型脆弱生态修复与保护研究"重点专项，国家科技基础资源调查专项"蒙古高原（跨界）生物多样性综合考察""中国西南地区极小种群野生植物调查与种质保存""中国荒漠主要植物群落调查""中国南方草地牧草资源调查""中国南北过渡带综合科学考察""中蒙俄国际经济走廊多学科联合考察"，国家科技基础性工作专项重点项目"中国北方及其毗邻地区综合科学考察"。国家自然科学基金委员会多年来一直和美国国家科学基金会开展生物多样性合作研究与交流项目，并资助了重点项目"生物多样性的形成、维持及对全球变化的响应"和重大项目"中国-喜马拉雅植物区系成分的复杂性及其形成机制"，原国土资源部也设立了公益性专项"典型露天煤矿复垦生物多样性恢复研究"等。此外科学技术部和生态环境部联合实施了生物多样性保护、科技基础资源调查等相关项目，并在全国组织开展了对重要区域、重点物种和遗传资源的调查、观测与评估。财政部安排国家级自然保护区和珍稀濒危野生动物保护有关经费，用于重点保护区建设，如开展珍稀濒危野生动物保护、生物多样性调查、宣传教育、国际合作等。

在平台建设上，国家建立了多个生物多样性监测网络，包括中国生物多样性观测网络（China Biodiversity Observation Network，China BON）、中国生物多样性监测与研究网络（China Biodiversity Observation and Research Network，Sino BON）、中国森林生物多样性监测网络（Chinese Forest Biodiversity Monitoring Network，CForBio）、中国生态系统研究网络（Chinese Ecosystem Research Network，CERN）、国家生态系统观测研究网络平台（National Ecosystem Research Network of China，CNERN）和中国森林生态系统定位观测研究网络（Chinese Forest Ecosystem Research Network，CFERN）等。科学技术部和财政部联合发布《科技部 财政部关于发布国家科技资源共享服务平台优化调整名单的

通知》，形成了"国家生态科学数据中心"等20个国家科学数据中心和"国家重要野生植物种质资源库"等30个国家生物种质与实验材料资源库。此外国家、区域和多部委建立了许多野外科学观测研究站。

在人才培养上，教育部支持生物多样性领域创新团队和人才建设，扩大高校专业及学科设置自主权。近年来，国家开展了"长江学者奖励计划"等一系列重大人才计划，引进、培养了一大批生物多样性研究领域的高水平学科带头人。

在国际合作领域，西部生态屏障区涵盖我国重要的陆路边境区域，生物多样性领域的科技合作能够助推国家重大决策和部署。国家正在大力推进"一带一路"建设，并以共建"一带一路"为引领，扩大西部地区高水平开放。西部生态屏障区的科研院所也正借此机会，针对重大共性科技需求和挑战，与邻近国家（地区）的相关机构和国际组织共同开展科技合作，牵头启动了一批重大国际合作计划，积极探索开展集"科学研究、技术创新、人才培养和成果转化"于一体的战略合作。

三、总体成效

（一）生物多样性调查和编目成效显著，为西部生态屏障建设奠定坚实基础

自20世纪五六十年代起，中国科学院和相关部门先后组织了青藏高原综合科学考察、横断山考察等40多次自然资源综合科学考察，编撰完成了《中国植物志》、《中国孢子植物志》、《中国化石植物志》、《中国海洋生物图集》和部分《中国动物志》等全国性动植物志，以及以《云南植物志》等为代表的一大批区域动植物志，基本摸清了部分区域生物资源的本底。自2008年起，我国科学家每年发布《中国生物物种名录》，我国标本馆数字化建设也在大力推进，成立了国家标本资源共享平

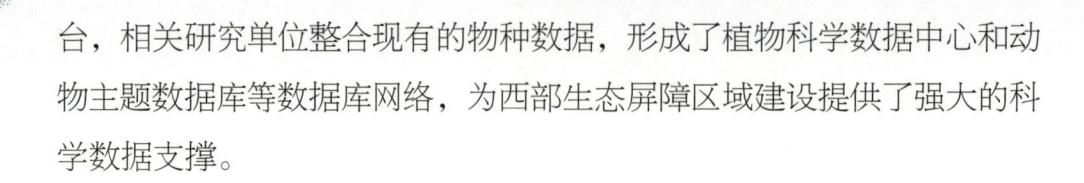

台，相关研究单位整合现有的物种数据，形成了植物科学数据中心和动物主题数据库等数据库网络，为西部生态屏障区域建设提供了强大的科学数据支撑。

（二）生物多样性科学理论和关键技术研究，有效支撑了西部生态屏障建设

自 20 世纪 90 年代开始，我国科学家基于调查和监测结果，开展了国家物种受威胁状况评估，先后出版了《中国植物红皮书》《中国濒危动物红皮书》《中国物种红色名录》《中国生物多样性红色名录》等评估报告，为物种保护决策提供了科技支撑。此外，随着国家在科学研究领域投入的增加，我国科学家在青藏高原、横断山脉、喜马拉雅地区和黄土高原等区域的生物多样性的起源、演化与维持机制、生态系统服务与功能、物种及生态系统响应全球变化机制、物种濒危机制等保护生物学领域取得了重要进展，并在《自然》(Nature)、《科学》(Science)、《细胞》(Cell) 以及《美国国家科学院院刊》(Proceedings of the National Academy of Sciences of the United States of America，PNAS) 等国际知名刊物发表一批原创性的重大研究成果。这些研究揭示了生物多样性保护的科学机理或解决了关键技术问题，为生物多样性及濒危物种保护相关决策提供了强有力的科技支撑。

（三）相关平台建设，有效支撑了国家就地保护和迁地保护网络

我国相继建立的中国生态系统研究网络、中国生物多样性观测网络和中国生物多样性监测与研究网络等多个生物多样性和生态系统监测网络，为自然保护地建设和保护效果的评估提供了强大的数据支撑。相关监测和科学研究成果也有效地支撑了以国家公园为主体的自然保护地体系建设。根据 2021 年发布的《中国的生物多样性保护》白皮书，截至

2021年，中国已建立各级各类自然保护地近万处，约占陆域国土面积的18%；建立植物园（树木园）近200个，保存植物2.3万余种；建立250处野生动物救护繁育基地，60多种珍稀濒危野生动物人工繁殖成功。包括一百多家成员单位的植物园联盟，以及世界第二、亚洲最大的野生生物种质资源库——中国西南野生生物种质资源库，在植物迁地保护方面发挥着重要作用，特别是已经建成的国家植物园（2022年4月）和华南国家植物园（2022年7月），将有效支撑国家迁地保护网络建设，与以国家公园为主体的自然保护地体系建设相结合，为国家生物多样性保护提供重要保障。

四、主要问题

（一）生物多样性调查监测智能化水平不高，新技术集成不够

目前，我国虽已部署开展了广泛的生物多样性调查，建立了多个生物多样性监测网络，但监测的智能化水平较低、网格化水平不够、信息化程度和数据更新频率低，传统的地面和人工监测占主导地位，存在较多的研究薄弱和空白区域。多尺度遥感（remote sensing，RS）、无人机、人工智能、物联网、环境DNA等新技术集成融合应用尚处于初级阶段，数字监测技术迭代及应用相对滞缓，多源异构数据同化能力不足，影响了科学决策和有效管理。

（二）遗传多样性调查研究严重不足，制约了我国遗传资源的有效保护和利用

"昆蒙框架"首次设定了至少90%的遗传多样性得到保持的目标，也首次将遗传资源数字序列纳入惠益分享，显示出国际社会对遗传多样性和遗传资源的高度关注。2022年，中国科学家首次提出了保存濒危野

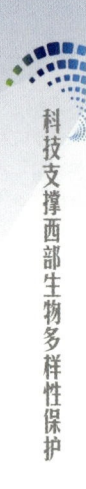

生动物完整基因组（如人类 T2T[①] 基因组）的"数字诺亚方舟倡议"以拯救濒危物种，这也是对"昆蒙框架"的积极响应。目前，我国遗传多样性调查研究严重不足，严重影响了我国遗传资源的有效保护和深度挖掘，以及野生生物资源的可持续利用和生物多样性科学的发展。

（三）深层次生物多样性科学规律认识不足，缺乏重大理论突破

我国是生物多样性超级大国，但生物多样性重大理论前沿问题的研究水平与大国地位严重不符，缺乏原创性重大理论突破。对生物多样性维持与演变规律等深层次科学规律认识不足，如对我国生物多样性格局是如何形成的，为什么西南山地和青藏高原会有如此丰富的物种多样性等国际进化生物学和保护生物学的前沿热点问题缺乏理论性突破。

（四）跨境生物多样性保护多边合作体系不完善、机制不健全

青藏高原和蒙古高原区域以及云贵川渝构成的整体区域与周边国家接壤，边境线长。目前边境地区的生物多样性监测有待加强，区域性国际合作与跨境保护机制需要进一步推进，生物多样性监测与保护、资源收集与利用、外来物种入侵的监测与预警等领域的合作需要持续支持，在国际资源获取、信息资源挖掘、知识产权保护、国际参与度及资源高效利用方面还有待进一步提高。通过规划建设跨境生物多样性保护廊道，实施共同保护行动，推动建立政府间长效合作机制，健全生物生态保护国际合作体系，实现跨境生物多样性整体保护，维护区域、国家乃至国际生态安全。

（五）部分区域迁地保护体系未覆盖

我国对植物资源的收集保藏和迁地保护起步相对较晚，植物园布局

---

① 端粒到端粒（T2T）。

缺乏整体设计与协调，整体功能设计和协调性不高，部分区域的植物迁地保护还未覆盖，如青藏高原仅有1个植物园（华西亚高山植物园，四川都江堰），作为青藏高原主要组成部分的青海和西藏在植物园建设方面还几乎处于空白；黄土高原植物园中迁地或近地保护点数量较少，黄土高原北部物种的迁地保护缺乏。

（六）部分类群调查监测缺乏，外来入侵物种风险防控有待加强

目前的生物多样性保护和监测侧重于动物和植物，真菌多样性保护工作起步较晚，针对真菌的保护工作十分有限，保护行动也缺乏系统性指导。此外，西部生态屏障区外来入侵物种的监测和防控有待加强，特别是边境区域入侵物种的监测和预警。

（七）研究平台和人才队伍相对薄弱，尤其是年轻一代战略科学家稀缺

生物多样性相关的生物分类、生物地理等基础学科，与其他学科领域相比，在资源争取、成果评价以及人才集聚等方面均处于边缘地位。西部生态屏障区多位于欠发达省份，受区域发展和工作环境的限制，对人才的吸引乏力，并且稳定人才的外部环境还显不足。能够运用新技术，实现学科交叉的青年科技人才和战略科学家极为稀缺，分类学等基础学科面临人才断层的问题，有些类群的研究人员甚至已经"濒危"。

第二节 我国西部生物多样性保护的战略体系

一、总体思路

以习近平生态文明思想为指导，"坚持山水林田湖草沙一体化保护和

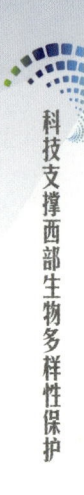

系统治理"[①]，围绕西部生态安全屏障建设国家重大战略需求，在中国科学院生物多样性科学研究和保护实践的基础上，研判新形势下西部生物多样性保护面临的新使命、新要求、新任务，明确战略主攻方向，找准重大科学问题，开展机制体制创新，建设西部生物多样性保护国家战略科技力量，提出系统解决方案，开展关键核心技术攻关，在西部生态安全屏障建设生物多样性保护领域发挥核心引领和协同带动作用。

二、方向布局

围绕生物多样性保护领域科技支撑西部生态屏障建设中的生态文明建设、经济社会发展、生态安全等国家重大战略需求，瞄准世界科技前沿和未来学科发展方向，以《中国生物多样性保护战略与行动计划（2023—2030年）》为指导，坚持保护优先、自然恢复为主的总体指导思想，结合西部生态屏障重要功能关键区建设、生态系统恢复、气候变化应对和水资源利用等领域的工作，在生物多样性基础研究、评估监测、有效保护和可持续利用等重要领域进行战略布局，引领学科发展方向，促进社会经济可持续发展，为西部生态屏障建设提供理论和实践支撑。

第三节　我国西部生物多样性保护的战略任务

（1）开展基于人工智能、远程探测、组学技术和大数据探索的生物多样性新技术集成攻关，研发全天候、高分辨率生物多样性调查卫星，

---

① 习近平：统筹山水林田湖草沙系统治理. http://www.news.cn/politics/leaders/2023-08/14/c_1129801760.htm[2023-09-05].

以及低成本、长续航、高智能生物多样性监测无人机，构建"AI①智能化生物多样性保护监测和决策平台"。

在全国范围内建立以全疆域、全天候、高分辨率生物多样性调查卫星，低成本、长续航、高智能生物多样性监测无人机，以及非损伤性、高效环境 DNA 采集等高新技术为代表的"空天地海"生物多样性人工智能探测系统，结合新一代 AI+ 生物技术和大数据探索，构建"AI 智能化生物多样性保护监测和决策平台"，服务于我国生物多样性研究、保护和精准管控。

（2）开展全国野生生物遗传多样性调查和研究，充分挖掘遗传资源，启动"濒危野生物种数字诺亚方舟国际大科学计划"。

部署开展全国野生生物遗传多样性调查和研究。布局和加强种质资源保藏、种群恢复、回归示范、外来入侵物种预警及防控等关键技术的研发。基于新一代生物学技术的研究平台，充分挖掘生物遗传资源在解决粮食安全、生命健康和环境问题等方面的重要潜力，大力发展特色生态优势产业。与国际知名科研机构和领域著名科学家合作，建立国际科学联盟，启动"濒危野生物种数字诺亚方舟国际大科学计划"，通过保存完整的基因组信息，为濒危物种的保护，特别是灭绝动物的复活提供契机。

（3）创新生物多样性研究范式，启动"生物多样性保护与治理科技支撑重大专项"，开展多层次、多维度、多学科交叉生物多样性系统研究，实现重大理论突破。

统筹遗传多样性、物种多样性和生态系统多样性三个层次，将生物多样性保护、气候变化和国土空间规划等综合考虑，全面推进生物多样性保护系统研究。面向重大科学前沿，提出具有中国特色的生物多样性保护科学理论，搭建技术创新研究平台，加强学科交叉和联合攻关，开

---

① 人工智能（artificial intelligence，AI）。

展生物多样性形成与维持机制、物种适应演化和濒危机制等基础理论研究，实现重大理论突破。不断拓展国际合作网络，开展大空间、大尺度的科学观测与研究。

（4）推动建立跨境生物多样性保护战略合作网络，保证跨境生物资源及生态屏障的稳定安全。

以"一带一路"倡议为契机，通过政府间长效合作机制，健全生物多样性保护国际合作体系，推动国内国际深度开放合作，加快与周边国家和地区建立跨境生物多样性保护联盟，培养跨境生物多样性保护和管理人才，进一步推进和加强实验室和野外台站共建以及资源共享，实现区域生物多样性保护的一体化。

（5）加强生物多样性研究人才队伍建设，引领全球生物多样性研究。

加大对生物多样性调查和分类学研究人才的支持和政策引导，在项目布局上加以倾斜，稳定生物多样性研究和保护的研究和管理队伍，培养生物多样性信息化专业人才，提升人工智能技术和大数据在生物多样性研究和保护方面的服务能力。加强人才队伍建设，重视本土人才的培养，制定适合西部的人才政策，构建合理的生物多样性研究、保护和管理的人才结构体系和梯队，引领全球生物多样性研究。

第四节　我国西部生物多样性保护的战略保障

一、体制机制方面

创新评估体系，构建合作交流的新模式，加强研究所间、研究团队间的联合攻关合作，通过项目布局和攻关，发挥各自优势，实现互补共赢，探索成果共享的新机制并出台相关政策，保障合作各方的利益。

二、央地合作方面

充分发挥中国科学院"国家队"的作用，将科研工作与地方经济社会发展紧密结合，促进科研项目在源头与地方企业的联合，考虑市场需求，发展区域特色产业链，在促进科研成果转化的同时，提升当地人民的生活水平。

三、科研投入方面

加强中国科学院与省和地方经费联动投入，构建多元化投入机制，提升科技创新投入。重视基础研究，在重点区域、重要领域设置专项经费，稳定支持生物多样性基础研究和长期定点观测。鼓励地方资金和社会资本参与，形成鼓励和支持社会资本参与"国土综合整治＋生物多样性保护"的生态修复支撑保障体系。

四、平台建设方面

整合现有生物多样性保护平台优势资源（大型科学仪器、设备、设施、科学数据、科技文献、自然科技资源等），建立高校与科研院所资源共享平台，加快实现资源的信息化、网络化，促进协同攻关。

五、数据协同方面

以国家项目为牵引，加速推进科学数据标准化建设。探索建立完善的科学数据汇交、分享体系，促进大数据科研范式下重大生物多样性成果的产出。加强现有生物资源库/馆整合，推动生态监测与生物多样性保护数据共享，完善生物多样性数据库和监管信息系统。

六、人才资源方面

采取引进和培养并举的方式，基于科技需求和学科布局，有计划、有重点地引进高层次人才和急需人才，基于科研院所和大专院校，针对性地培养关键领域的专项人才和急需人才。鼓励更多学科人才投身西部生态建设。加强人才资源培养，有计划地选派一定数量生物多样性保护相关的区管干部到重点科研院所和高校进行学习深造；鼓励相关领域人才参加国（境）内外学习培训及学术交流活动。

七、国际合作方面

围绕西部地区生物多样性保护中心工作，发掘和利用国际科技资源，通过组织重大国际合作项目、加强人才交流、建设联合实验室和主办重要国际学术会议等方式，推动区域国际合作，提升我国在西部地区生物多样性保护研究领域的国际影响力。

第二章
青藏高原生物多样性保护

第一节　青藏高原生物多样性保护战略形势

一、生物多样性领域科技全球发展前沿态势的总体研判

生物多样性是人类赖以生存的基本条件，是经济社会可持续发展的物质基础。全球生物多样性正在以惊人的速度衰退。自《生物多样性公约》签署实施以来，全球生物多样性保护进程逐步推进，国际合作不断深化。但总的来看，全球生物多样性面临的形势依然严峻，《生物多样性公约》保护、利用和惠益分享三大目标仍面临诸多挑战。2021年10月13日，第十五次缔约方大会（第一阶段）高级别会议在云南昆明闭幕，会议正式通过《昆明宣言》，呼吁各方采取行动，共建地球生命共同体。《昆明宣言》是此次大会的主要成果。该宣言承诺，确保制定、通过和实施一个有效的"2020年后全球生物多样性框架"，以扭转当前生物多样性丧失趋势并确保最迟在2030年使生物多样性走上恢复之路，进而全面实现人与自然和谐共生的2050年愿景。"中国生物多样性研究和保护与国际并驾齐驱，某些领域呈现引领态势。"在《生物多样性公约》第十五次缔约方大会期间，中国科学院院士、COP15中国代表团成员魏辅文在接受《中国科学报》采访时说（冯丽妃，2021a）。近十余年来，从自然保护地面积增加到科学研究迅猛发展，国际履约合作不断深化，中国在生物多样性保护和研究方面的国际影响力逐年攀升，身份正在从参与者向贡献者、引领者转变。魏辅文认为，取得这样的成绩与我国生态文明制度建设紧密相关（冯丽妃，2021a）。

青藏高原位于我国西南部，包括西藏和青海两省区全部以及四川、

云南、甘肃和新疆等四省区部分地区，总面积约260万平方千米，大部分地区海拔超过4000米[①]。青藏高原被誉为"世界屋脊""地球第三极""亚洲水塔"，具有重要的水源涵养、土壤保持、防风固沙、碳固定和生物多样性保护功能，其生态系统质量与功能状况直接影响到我国及南亚、东南亚的生态安全，是我国乃至亚洲的重要生态安全屏障区，是全球生物多样性保护的热点区，保障生态安全和保护生物多样性是青藏高原生态保护的核心任务。

截至2021年10月，以青藏高原（Qing-zang、Tibet Plateau、Tibetan Plateau、Qinghai-Tibetan、Qinghai-Tibet Plateau）、青海（Qinghai）、西藏（Xizang、Tibet、Tibetan）、生物多样性（bio-diversity、biodiversity、biological diversity）、植物多样性（plant diversity、diversity of plants、plant diversity）、动物多样性、物种多样性为关键词，检索美国科学网（Web of Science，WoS；https://webofscience.clarivate.cn）和中国知网（CNKI，https://www.cnki.net/）收录的文献，青藏高原生物多样性保护的研究论文首次出现于1993年（司文轩，1994），在之后的十年时间里，青藏高原生物多样性保护的研究处于起步阶段，每年的发文量都很少，不超过10篇，一些年份的发文量甚至为零，2006年发文量达到了10篇，之后才进入了一个稳定高速的发展时期。通过对比2011年至2020年这十年间全球科学引文索引（science citation index，SCI）论文篇数、全球生物多样性SCI论文篇数、青藏高原生物多样性SCI论文篇数来显示相关研究的增长变化。随着近年SCI收录范围的不断扩大及各国科研投入的增加，SCI每年收录的相关论文数也在不断增加，从2011年的近161万篇增长到2020年的约242万篇，收录论文数增长了50%左右。在

[①] 国务院新闻办发表《青藏高原生态文明建设状况》白皮书. http://www.xinhuanet.com/politics/2018-07/18/c_1123141753.html[2023-08-06].

此背景下，生物多样性保护的相关论文数从 2011 年的 6304 篇增长到 2020 年的 14 801 篇。仅从发文量的角度看，随着各国政府对生态环境的重视程度不断加大，对生物多样性保护的投入也远远高于其他方面研究的投入，导致了相关研究科研产出的增长远远高于科学引文索引扩展版（science citation index expanded，SCIE）的平均增长。青藏高原生物多样性保护的相关 SCIE 论文数从 2011 年的 23 篇增长到 2020 年的 178 篇，增长了 6 倍多。2011 年以后青藏高原生物多样性保护的相关论文增长速度更是远远超过了全球其他区域生物多样性保护论文的增长速度，这也表明了青藏高原在全球生态系统中的地位更加被重视，更好地开展青藏高原的相关研究对全球生态安全具有更加重要的意义。

因为地缘关系，开展青藏高原生物多样性保护相关研究最多的国家是中国，此外，美国、德国、英国、澳大利亚等国家对青藏高原生物多样性保护的研究也非常感兴趣，做了大量的工作，产出了大量论文，这也反映出青藏高原对于全球生态安全的重要性。同样受地缘因素影响，根据 Web of Science 和 CNKI 数据库，截至 2021 年 10 月，发文量最大的机构主要是中国的科研机构，国外仅有的主要研究机构是美国康奈尔大学、英国开放大学等几家机构，但排名在二十名以后。青藏高原附近的几家相关科研机构，如中国科学院西北高原生物研究所、兰州大学、中国科学院寒区旱区环境与工程研究所、中国科学院成都生物研究所排名都比较靠前。

二、生物多样性领域科技支撑我国青藏高原生态屏障建设的成效与问题

中共中央、国务院高度重视青藏高原生态文明建设，持续推进制度创新、筑牢科技文化支撑、加大生态建设投入，推动构建人与自然生命

共同体。习近平总书记在中央第七次西藏工作座谈会上指出,"保护好青藏高原生态就是对中华民族生存和发展的最大贡献。要牢固树立绿水青山就是金山银山的理念,坚持对历史负责、对人民负责、对世界负责的态度,把生态文明建设摆在更加突出的位置,守护好高原的生灵草木、万水千山,把青藏高原打造成为全国乃至国际生态文明高地"[1]。

党的十八大以来,各地区、各部门深入贯彻落实中共中央、国务院重大决策部署,大力推进青藏高原生态保护工作,取得了历史性成就,生态系统功能和质量稳步提升。2020年,青藏高原森林覆盖率达到12.31%,天然草原综合植被覆盖度提高到47%,湿地面积达到652.9万公顷。珍稀濒危物种种群得到显著恢复与扩大,黑颈鹤由不到3000只增加到8000多只,羌塘高原的藏羚羊由2000年的不到6万只恢复到2020年的约30万只[2]。中国在青藏高原建立了世界上规模最大的以国家公园为主体的自然保护地体系,完成三江源、祁连山国家公园体制试点,初步构建了以8个国家公园为主体、24个自然保护区为基础、各类自然公园为补充的自然保护地体系,初步划定生态保护红线面积约121万平方千米,约占地区总面积的48.2%左右。

截至2021年,青海将全省109处各级各类自然保护地整合优化到79处,保护地总面积增加3.41万平方千米,占全省总面积比例提升至38.42%,其中国家公园占保护地总面积的52.2%,以国家公园为主体的新型自然保护地体系基本成型。2021年10月,三江源国家公园正式设立,是我国首批且面积最大的国家公园,也是青藏高原第一个国家公

---

[1] 习近平在中央第七次西藏工作座谈会上强调 全面贯彻新时代党的治藏方略 建设团结富裕文明和谐美丽的社会主义现代化新西藏. http://www.xinhuanet.com/politics/leaders/2020-08/29/c_1126428830.htm[2023-07-25].

[2] 国务院新闻办发表《西藏和平解放与繁荣发展》白皮书. http://www.xinhuanet.com/politics/2021-05/21/c_1127473345.htm[2021-05-21].

园，对青藏高原乃至我国加快构建以国家公园为主体的自然保护地体系具有里程碑式意义。截至2022年，青海省共设置草原、森林、湿地生态保护公益岗位14.51万个，三江源国家公园实现"一户一岗"，1.72万牧民人均年收入2.16万元。据统计，截至2022年，青海省森林覆盖率达到7.5%，森林蓄积量增加到4993万立方米，草原综合植被覆盖度达57.8%，湿地保护率达64.3%，全省地表水出境水量超900亿立方米，生态系统质量和稳定性不断提升（宋明慧，2022）。

在2020年联合国生物多样性大会生态文明论坛第六场主题论坛上，来自国内外的青藏高原研究领域的专家学者们，交流讨论关于青藏高原生态文明与生态安全问题的认识和经验，共同探讨青藏高原生态环境与生物多样性的保护工作、生态安全屏障建设的内涵，为持续推进青藏高原高质量发展与生态文明高地建设积极建言献策，共话发展新篇章。国际地理联合会（International Geographical Union，IGU）理事迈克尔·梅多斯高度肯定了青藏高原在全球生态体系中的重要性。"一带一路"国际科学组织联盟（The Alliance of National and International Science Organizations for the Belt and Road Regions，ANSO）主席白春礼院士表示，青藏高原作为全球生物多样性最丰富的地区之一，同样也是全球气候变化的敏感区、生态变化的脆弱区。推动青藏高原生物多样性保护，要坚定不移地优先走生态绿色发展之路，努力建设人与自然和谐共生的现代化社会。中国科学院前副院长张亚平院士介绍，中国科学院启动"泛第三极环境变化与绿色丝绸之路建设"先导专项，围绕过去50年来青藏高原变化的过程与机制及其对人类社会的影响，实现集基础研究、应用研究、技术示范和决策支持为一体的绿色发展途径，为青藏高原高质量发展提供了重要的科技支撑。中国科学院水利部成都山地灾害与环境研究所研究员王小丹就青藏高原生态安全屏障建设情况进行介绍，青藏高原生态安全屏障建设进展顺利，总体完成阶段目标，部分任务超额完成，取得显著效益。

傅伯杰等在 2021 年《青藏高原生态安全屏障状况与保护对策》一文中，对青藏高原生态保护建设工程显著促进生态安全屏障功能进行系统总结，主要内容如下。

（1）重大生态工程实施进展顺利。青藏高原生态工程实施保护面积约占总面积的 80%，是我国乃至全球实施生态保护规模最大的自然地域单元之一。主要实施工程有：①草地生态保护与建设工程。截至 2018 年，退牧还草工程累计实施总面积达到 25 万平方千米以上，鼠虫害治理工程实施总面积达到 20.1 万平方千米。②林地生态保护与建设工程。截至 2018 年，人工造林工程实施总面积达到 1.85 万平方千米，天然林保护工程实施总面积达到 1.13 万平方千米。③水土流失综合治理工程。近 30 年小流域水土流失综合治理工程实施总面积达到 7400 平方千米。④沙化土地治理工程。截至 2018 年，青藏高原沙化土地治理工程实施总面积达到 6400 平方千米。

（2）沙化面积减少，工程区风沙治理成效显著。防沙治沙工程实施之后，西藏沙化土地面积减少 1100 平方千米，年均减少 150 平方千米。在"一江两河"中部流域，流动沙地减少 380 平方千米，半固定沙地减少 160 平方千米，沙化耕地减少 200 平方千米，极重度沙化土地面积减少 2900 平方千米。

（3）退牧还草促进草地恢复。实施退牧还草工程和草原生态保护补助奖励政策以来，工程区内植被覆盖度比工程区外平均提高 16.9%。工程区内草丛高度平均提高 2.04 厘米（提高 59.8%）。退牧还草工程区草地比围栏外放牧草地地上生物量平均提高 24.25%。

（4）森林生态工程提质增效，固碳能力显著提升。第二次青藏科考评估表明：实施天然林保护工程以来，青藏高原天然林保护工程区总碳储量增加 0.273 亿吨/年。西藏森林覆盖率由原来的 38.6% 提高到

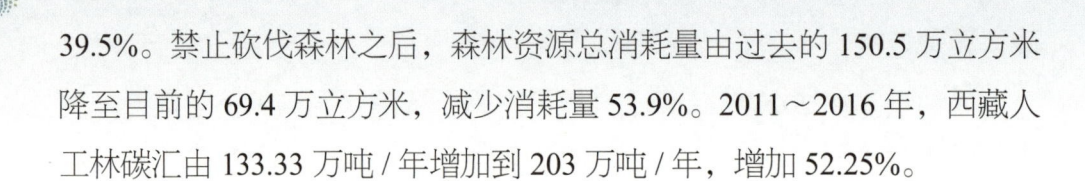

39.5%。禁止砍伐森林之后，森林资源总消耗量由过去的150.5万立方米降至目前的69.4万立方米，减少消耗量53.9%。2011~2016年，西藏人工林碳汇由133.33万吨/年增加到203万吨/年，增加52.25%。

三、开展生物多样性观测，助力三江源国家公园建设

三江源位于被称为世界"第三极"的青藏高原腹地，平均海拔4000米以上，是长江、黄河、澜沧江的发源地以及中国乃至东南亚地区的重要淡水供给地，是全球气候变化反应最敏感的区域之一，也是全球生物多样性热点区之一，特有动植物多样性高，素有"高寒生物种质资源库"之称，其生态系统服务功能、自然景观、生物多样性具有全国甚至全球意义的保护价值，是我国重要的生态安全屏障。2016年3月，中共中央办公厅、国务院办公厅印发《三江源国家公园体制试点方案》，拉开了中国建立国家公园体制实践探索的序幕。为推进国家公园的建设，查明三江源拥有的独特且重要的生物资源，生态环境部将该地区生物多样性观测工作纳入生物多样性保护重大工程。2017年，生态环境部南京环境科学研究所联合中国科学院西北高原生物研究所，正式启动针对三江源地区野生动物的红外相机观测工作。

截至2021年，三江源地区野生动物的红外相机观测工作已经持续数年，共获得照片104 587张，几乎每一部相机都有意想不到的收获和惊喜（芳旭，2021）。通过4920张独立有效的野生哺乳动物和鸟类照片，鉴定出兽类5目11科18属21种，鸟类8目15科27属36种。国家一级保护野生动物有雪豹（*Panthera uncia*）、白唇鹿、藏野驴、胡兀鹫和猎隼5种，国家二级保护野生动物14种，被世界自然保护联盟（International Union for Conservation of Nature，IUCN）濒危物种红色名录评估为濒危（endangered，EN）的野生动物1种，易危（vulnerable，VU）

的 2 种，近危（near threatened，NT）的 5 种。

生物多样观测工作为掌握该地区野生动物的本底资料和变化提供数据支撑。其中，雪豹作为青藏高原山地生态系统的王者，无疑是这一生态系统的旗舰象征，也是美丽和神秘最好的表达，那经年雪山的一抹掠影，或许正是独属于雪豹的惊鸿。调查团队数年来攀爬越过数千米的高山与峡谷，通过红外相机观测，在成千上万张的照片中寻找出了这种美丽大猫完整的模样。依据《中国雪豹调查与保护报告2018》，中国分布有 60% 的雪豹栖息地以及一半以上的雪豹种群，三江源地区获得的雪豹数据为我国雪豹的研究和保护提供了重要的信息。

随着我国生态文明建设步伐的推进和生物多样性保护重大工程的持续实施，在三江源地区开展生物多样性调查与观测工作，将会为三江源国家公园制定相应的保护措施提供更全面、更有说服力的科学依据，助力我国生物多样性保护事业发展和美丽中国建设。

青藏高原迁地保存繁育体系基础薄弱。迁地保护是将自然界中的野生植物种子或整个植株移栽到人工创造的适宜环境中保存、繁育，也是对濒危物种进行抢救性保护的有效手段。植物园是活体植物迁地保护的主要依托平台。我国近 200 个植物园中建有专类园区约 1200 个，保存植物 396 科 3633 属 23 340 种（含种以下等级），其中本土植物约 2000 种，占中国高等植物的 60%，占全球保育总数的 25%（黄宏文，2018），迁地保育受威胁植物约 1500 种，约占本土受威胁植物种数的 39%（焦阳等，2019）。植物园对我国本土植物多样性保护发挥了积极作用。我国对植物资源的收集保藏和迁地保护工作起步相对较晚，在植物迁地保护方面还存在一些问题，比如目前植物园整体布局缺乏整体设计与协调，部分区域的植物迁地保护还未覆盖，如青藏高原仅 1 个植物园（华西亚高山植物园，四川都江堰）。在《生物多样性公约》第十五次缔约方大会领导人峰会上，习近平主席宣布，"本着统筹就地保护与迁地保护相结合的原则,启动北京、广州等国家植物园体系建设"(常钦,2022)。中共中央办公厅、国务院办公厅印发《关于进一步加强生物多样性保护的意见》,提出多种抢救性迁地保护设施,如优化建设动植物园等完善生物资源迁地保存繁育体系。2021年12月28日,国务院批准在北京设立国家植物园,要建设一个中国特色、世界一流、万物和谐的国家植物园;同时指出国家林业和草原局、住房和城乡建设部、中国科学院要进一步统筹规划、合理布局,稳步推进全国国家植物园体系建设。2023年8月,西宁国家植物园和林芝国家植物园列入国家林业和草原局、住房和城乡建设部、国家发展和改革委员会、自然资源部、中国科学院联合印发的《国家植物园体系布局方案》。这两个国家植物园分别位于青藏高原的南北两端,与以国家公园为主体的自然保护地体系有机衔接、相互补充,将有效实现青藏高原植物多样性保护全覆盖和可持续利用。

开展生物多样性变化调查,完善植物志书,进行河流洄游通道与产卵场保护,扩大栖息地保护面积,到2025年占比达到国土面积的35%。以第二次青藏高原综合科学考察为契机,在各级项目中积极布局本底调查类研究,开展青藏高原网格全覆盖的生物多样性调查,获取全面、完整和精准的植物多样性本底资料;建立生物多样性调查及数据采集的标准体系和开放共享的大数据平台。在科考数据积累的基础上,于2025年前完成青海、西藏动植物志修订或编撰工作规划,于2035年前完成系列志书的修订或编撰工作规划。

尽管青藏高原生物多样性的形成和演化已经得到了一定研究,但这些研究仍显薄弱。针对青藏高原生物多样性演化历史与格局的研究尚显不足,需要在全面采样和基因组学大数据的支撑下做广泛且深入的研究。研究地区局限于各行政区划范围,如西藏、青海、四川、云南、甘肃等地区,而没有以青藏高原为一个整体开展系统性研究的报道。生物多样性研究缺乏系统性,大多以单一类群(属级)或物种为研究对象,而缺乏科级类群的系统性研究。针对青藏高原特有种的生活史、种群和遗传结构、保护生物学研究较为薄弱，除对温泉蛇属、横斑锦蛇等少数物种开展了部分研究外，其余大多数青藏高原特有种几乎未开展相关工作，基础资料仍然极为缺乏。

另外，研究队伍和研究平台相对薄弱，数据库建设有待加强，标本质量有待提高、数量有待增加。在野外台站方面，不同单位有一些专项的监测平台，但总体来说，其监测对象有限，研究水平不高，经费投入很少。从事生物多样性相关研究的单位积累了一些青藏高原生物多样性方面的数据，但尚未做到定期更新或发布数据，系统规范的生物多样性数据库和平台缺乏。青藏高原的生物标本，尤其是动物标本有一定的收藏，但种类不全、数量不多、质量良莠不齐，能供研究的标本有限，物种鉴定的准确性有待提高。

四、生物多样性领域科技支撑我国青藏高原生态屏障建设的新使命新要求

研究薄弱和空白区域比例高、本底资源不清。应加强青藏高原地区生物多样性调查、监测及评估工作，积极推进青藏高原生态监测体系建设。对重点区域的长期监测极有必要。摸清本底是开展生物多样性保护的根基，而野生动物的种群动态变化往往和人类活动密切相关，这些也是未来探讨人类社会发展和野生动物保护相互促进的重中之重。

生物多样性保护须上下同步，多层次保护体系亟待加强。保护地体系建设需关注生态系统完整性和原真性，不应局限于行政区划。重点生态功能区（保护优先区、热点区、重要分布区等）的保护须理论和政策同步，以科学数据为支撑。应构建基层保护稳定力量，加强多层次保护体系建设。减缓人兽冲突的理论和技术研究是生物多样性顺利开展的保障。

多层次保护体系建设，包含基层管护员和居民的保护和监测培训、青少年的自然教育体系构建，以及管理决策层的生物多样性保护正确知识和教育理念的传达，结合现在及未来的消费者生态旅游和休憩需求设计和规划对生态环境的保护，以及对保护地体系功能区进行划分和发展利用。生物多样性保护与利用结合，是可持续发展的基础。生态旅游及休憩功能的研究和示范亟待加强；自然教育体系及规范亟待加强；特色生物多样性资源需要加以开发和利用，以改善民生。

以习近平生态文明思想实践新高地建设为统领，坚定不移地做"中华水塔"守护人，全力打造生态安全屏障新高地，培育和构建具有青海特色的生态经济体系；全力打造国家公园示范省新高地，建设美丽中国重要展示窗口；全力打造人与自然生命共同体新高地，携手共建和谐共生的美好家园；全力打造生态文明制度创新新高地，推动生态保护体系现代化走在全国前列；全力打造山水林田湖草沙冰保护和系统治理新高地，塑造协同治理提质增效示范样板；全力打造生物多样性保护新高地，建好管好国际高寒高海拔地区生物自然物种资源库；全面提升生态文明建设能力水平，为打造新高地提供坚实保障。

建设在青海的中国科学院三江源国家公园研究院围绕"青海最大的价值在生态、最大的责任在生态、最大的潜力也在生态"[①]、"人与自然是生命共同体""绿水青山就是金山银山"[②]的理念，结合青海省"一优两高"和以建立国家公园为主体的自然保护地体系发展战略，围绕三江源国家公园生态环境保护、人与自然和谐共生、区域可持续发展的战略需求，重点开展生物多样性保护与生物资源利用、生态系统功能变化与可

---

① 习近平：尊重自然顺应自然保护自然 坚决筑牢国家生态安全屏障. http://www.xinhuanet.com/politics/2016-08/24/c_1119448608.htm[2023-05-08].

② 让绿水青山造福人民泽被子孙——习近平总书记关于生态文明建设重要论述综述. http://politics.people.com.cn/n1/2021/0603/c1001-32120968.html[2024-05-08].

持续管理、环境变化与水资源效应、生态环境监测与大数据平台建设、机制与政策法规体系建立等研究，发展生物学、生态学、资源环境科学、文化生态学和管理学。重点发展保护生物学、资源生物学、恢复生态学、生态系统生态学、可持续生态学、资源环境科学、管理科学等相关学科，打造国家级的国家公园科技创新平台和专业人才培养基地，为三江源国家公园的科学化、精准化、智慧化建设与管理和"保护好三江源、保护好'中华水塔'"提供科学支撑，引领国家公园的重要研究方向，为我国国家公园建设与管理体系的建立提供借鉴与示范。

在生物多样性与生态系统功能与服务方面，近年来中国科学院的科学家发表了多项高水平的研究成果，包括大熊猫及其栖息地的生态系统服务价值、生物多样性促进森林生态系统的碳固定、2000~2010年中国生态系统服务的定量评估、生态系统服务付费（生态补偿）等。

在生物多样性大数据平台建设方面，中国科学院已建立7个生物多样性相关的数据中心和3个院级数据中心。此外，生物多样性与生态安全数据平台、植物主题数据库、动物主题数据库等整合了海量的生物和生态数据以供分享。由中国引领搭建的全球微生物资源数据共享平台，汇聚了来自51个国家、141家合作伙伴的52万株微生物实物资源数据，制定了国际微生物领域的第一个ISO[①]级别的微生物数据标准，形成了全球互联互通的微生物数据信息化合作网络（沈靖然，2021）。

---

① 国际标准化组织（International Standards Organization，ISO）。

第二节　青藏高原生物多样性保护战略体系

一、总体思路

坚持生态优先、绿色发展理念，践行山水林田湖草沙冰系统治理，将生态安全屏障保护修复工作作为生态文明高地建设的重要任务，分区域建设生态文明先行示范区，并将生态文明建设同经济建设、政治建设、文化建设与社会建设统一部署、统筹实施，例如2021年5月西藏自治区施行的《西藏自治区国家生态文明高地建设条例》、2021年8月青海省施行的《关于加快把青藏高原打造成为全国乃至国际生态文明高地的行动方案》等，分层级落实好青藏高原生态安全屏障建设这项系统工程。

二、三层次方向布局

以《全国重要生态系统保护和修复重大工程总体规划（2021—2035年）》为指导，坚持以保护优先、自然恢复为主的原则，综合考虑生态屏障功能关键区、生态问题区域、气候变化影响和未来生态风险；根据各区域的自然生态状况、主要生态问题，系统布局生态保护修复工程，提出可操作性强、符合生态学规律的治理措施。

构建青藏高原特有生物遗传资源保存体系。加强生物遗传资源保护基础能力建设，推动建立青藏高原野生生物遗传资源国家基因库和国家种质资源库复份库。实施高原特色种质资源保护与利用工程，完善种质资源分级分类保护名录与分类分区保护机制，建设优质种质资源保护场（圃、区）。推进林草种质资源保护，加快良种牧草、生态型优良草种选育和小粒种扩繁扩育，建设乡土草种繁育基地。

开展栖息地整合保护，建设栖息地整体保护生态廊道，实施受损栖息地修复工程，推进生物多样性跨境区域保护，推动青藏高原生物多样性保护，探索荒野地系统性保护。对重要栖息地开展状况调查、监测、评估并建立名录，构建动植物及栖息地保护数据信息管理系统。

三、阶段目标

到 2025 年，合理调整和优化自然保护地空间范围，实现对青藏高原生物多样性的有效保护。青藏高原生态文明体系进一步完善，生态文明高地建设取得系统性、突破性、标志性成果。"中华水塔"得到全面有效保护，重要生态系统保护和修复实现全覆盖，生态系统质量和碳汇增量明显提升，野生生物遗传资源保存体系基本建成，在建立以国家公园为主体的自然保护地体系上走在前列。

到 2035 年，全面建立青藏高原特色生态文明体系，基本实现人与自然和谐共生现代化，基本建成生态文明高地。共抓大保护、协同大治理格局更为完善，"中华水塔"更加坚实稳固，生物多样性保护体系更加健全，生态系统步入良性循环。建成青藏高原国家公园群，助推青藏高原地区生态保护和高质量发展。完成建设跨国国家公园，响应"一带一路"倡议，适应稳疆固边需要，建议在青藏高原提前进行规划并开展探索性试验。

到 2050 年，融合深化青藏高原特色生态文明体系，全面建成更加完备、更高水平、更具影响、更美形态的生态文明高地。形成高质量发展格局，确保生态文明建设水平处于全国领先地位，成为习近平生态文明思想实践成果的展示平台、人与自然和谐共生的创新典范、应对气候变化的行动先锋、生态经济创新发展的重点地区、自然保护地体系建设的时代样板。积极参与和引领全球生物多样性治理，为全球高寒区生态环保治理贡献"中国方案"。

第三节　青藏高原生物多样性保护战略任务

一、三层次科技问题

1. 战略性重大科技问题

青藏高原生态系统退化问题依然严重。其中，森林灌丛退化面积比例达 59%，主要分布在横断山河谷地区；草地退化面积比例达 80% 以上，主要分布在青藏高原西北部。青藏高原中度以上水土流失面积达 46 万平方千米；其中极重度以上水土流失面积占中度以上水土流失面积的 19.23%，主要分布在青藏高原东南高山峡谷地区。青藏高原中度以上沙化土地面积达 46.90 万平方千米，主要分布在青藏高原西北干旱地区，特别是羌塘高原和柴达木盆地周边地区。青藏高原中度以上石漠化面积为 4267 平方千米，主要发生在东南部喀斯特地区（傅伯杰等，2021）。综上所述，青藏高原庞大且复杂的生态系统增加了科学考察的难度，导致人们对各个地区生态系统的真实情况了解得不充分，尤其是生态系统大面积退化加剧，导致生态景观多样性降低，实施有效的保护和开发利用难度加大，生态系统的可利用性降低。

加快青藏高原国家公园群规划建设。青藏高原具有全球独特的自然生态和民族文化的完整性、原真性和代表性，具备建设由 20 多处各具特色、具有世界影响的国家公园组成的"国家公园群"的优越条件。广域严格保护、局域低密度开发利用的措施有助于青藏高原重点生态功能区和牧区走可持续发展之路，青藏高原国家公园群有望成为生态文明高地最亮丽的名片。

开展保护地效益评估，摸索建立可行的指标体系，探索评估方法；重点评估大熊猫国家公园、若尔盖国家公园、世界自然遗产地、国家级自然保护区、十年禁渔等措施的生态效益和有效性，提出保护策略调整建议。

开展长江上游区域"共抓大保护、不搞大开发"[①]、"绿水青山就是金山银山"的政策、措施的有效性评估，提出区域发展策略调整建议。

2. 关键性科技问题

气候暖湿化以及人类活动的加剧使得生物多样性可持续利用受到威胁。1961～2020年，青藏高原气候变化的暖湿化特征明显，变暖超过全球同期增温速率的2倍，达到每10年升高0.3～0.4℃，年降水量每10年增加5～20毫米（中国气象报社，2021）。一方面，温度和降水量的增加导致一些地区的小气候、植被和地形地貌发生改变甚至被破坏，导致物种被迫寻找新的适宜栖息地。物种数量和分布会随着气候的变化（包括季节变化产生的差异）发生改变，再加上复杂恶劣的环境和辽阔的地域，增加了对青藏高原物种本底调查的难度。对青藏高原物种的本底调查是生物多样性可持续利用的前期基础，所以增加如青藏高原二次科考这样的大型科考项目，增加科考力度和时间及区域覆盖度，是解决问题的途径之一。另一方面，人口数量增长、放牧超载、道路建设等人类活动压力不断增加，也对生物多样性可持续利用造成了威胁。人类活动导致物种数量减少、多样性降低。所以，应深入研究草畜平衡，规划合理的放牧强度，加大野生动物栖息地保护和廊道建设力度是保障青藏高原生物多样性可持续利用的关键之一。

---

① 习近平：在深入推动长江经济带发展座谈会上的讲话. http://www.xinhuanet.com/politics/leaders/2019-08/31/c_1124945382.htm[2023-05-08].

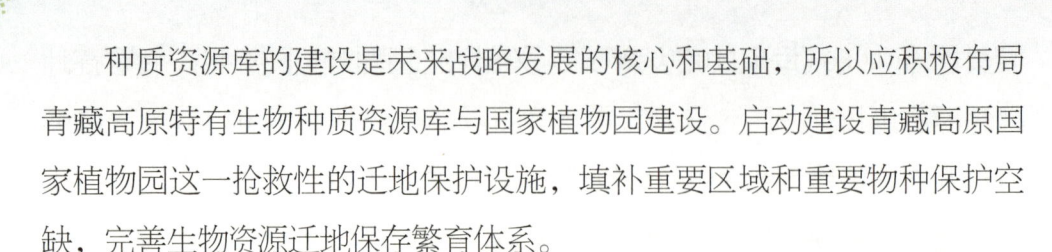

种质资源库的建设是未来战略发展的核心和基础，所以应积极布局青藏高原特有生物种质资源库与国家植物园建设。启动建设青藏高原国家植物园这一抢救性的迁地保护设施，填补重要区域和重要物种保护空缺，完善生物资源迁地保存繁育体系。

生物多样性的形成和维持机制极为重要，所以加强对生物遗传多样性的研究是生物多样性可持续利用的关键。生物多样性的本质是遗传多样性，从袁隆平先生从野生稗草中发现"野生雄性不育株"，从而开创了杂交水稻新局面，到模仿蝙蝠的回声定位发明的雷达和声呐，生物遗传多样性在遗传学、医学、仿生学等各领域为人类持续提供福祉。青藏高原拥有丰富的动植物资源。据研究统计，青藏高原共计维管植物14 634种，约占中国维管植物的45.8%，是中国维管植物最丰富和最重要的地区。青藏高原记录有脊椎动物1763种，约占中国陆生脊椎动物和淡水鱼类的40.5%。青藏高原特有物种数量多，青藏高原特有种子植物共有3764种（不包含种下分类单元），占中国特有种子植物的24.9%。其中，草本植物、灌木和乔木分别占青藏高原特有种数的76.3%、20.4%和3.3%（傅伯杰等，2021），青藏高原特有种多数为草本植物。青藏高原特有脊椎动物占比同样很高，其脊椎动物物种数的28.0%（即494种）为特有种。青藏高原珍稀濒危物种数量众多，根据世界自然保护联盟红色名录的标准，青藏高原维管植物中有662种受威胁物种和灭绝物种，约占中国维管植物的受威胁和灭绝物种的五分之一；青藏高原脊椎动物中有169种为受威胁物种，占青藏高原所有脊椎动物物种数的9.58%（傅伯杰等，2021）。青藏高原平均海拔在4000米以上，大部分区域为特殊或极端的高寒、低温、缺氧环境，也有干旱荒漠、盐湖沼泽以及干热（暖）河谷另一特殊环境，是世界上特殊环境类型最多的地域之一。在长期的演化过程中，世居青藏高原的物种成功适应了青藏高原的极端环境，对其适应性机制的遗传背景的深入研究不仅可以为物种保护、物种多样性维持提供理论基础，而且可以为高原医学、遗传育种、动植物旅游资源开发等提供理论参考。因此，特殊生境下动植物的基因及其表达产物和性状，是人类尚未充分开发利用的珍贵遗传资源宝库。目前，一方面，受限于平台、资金、技术等层面，对高原物种，尤其是珍稀濒危保护物种的遗传背景的研究还远远不够。例如，尚未有大多数物种的精确的基因组信息（测序深度大于 $100\times$）；珍稀濒危物种的互补 DNA(complementary DNA，cDNA) 文库目前还是一片空白；对大多数物种适应性机制的研究还停留在表观层面等。另一方面，对于物种的保护与可持续利用缺乏遗传层面的理解。物种的保护不是单纯地提高物种的数量，提高其遗传多样性以增强整个种群生存能力才是其根本的保护措施。因此，应加强廊道构建、动物迁徙通道保护和构建、迁徙地保护，从而加强各生境斑块内物种的基因交流以避免近交衰退，此举措势在必行。此外，珍稀野生动植物的特殊性往往导致了用于上述科学研究所需要的动植物组织样品获取困难，审批难度大，手续烦冗。因此，建立一个科学便捷的科研动植物组织样品的获取机制刻不容缓。综上所述，进一步加深对青藏高原珍稀野生动植物遗传背景的了解以及加强适应性表型背后的遗传学机制的研究是促进生物多样性可持续利用的根本所在。

开展代表性旗舰种的驯养繁殖（作为种质资源保存）、种群复壮等关键技术研究。开展生物资源可持续利用关键技术研究。开展生物多样保护与乡村振兴协同构建技术研究。开展基础设施建设对生物多样性影响消减和保护构建技术研究。

研究者对雪豹栖息地的研究主要集中在栖息地的自然条件，如海拔、植被类型等方面，而对雪豹与人类的冲突关注较少，且不够深入，主要体现在目前雪豹的保护政策不完善以及雪豹保护机构对牧民家畜损失的赔偿制度不完善等方面，如在我国四川邛崃山脉，存在较高的雪豹－家畜冲突风险，但目前尚未制定出有效的保护管理政策。同时针对其他食肉目动物（如狼、藏狐、棕熊等动物）的研究大多集中在人兽冲突方面，专门针对某一动物方面的研究十分缺乏，因此对这些动物在青藏高原上的生存现状、生态学和分类分布尚不清晰。

3. 基础性科技问题

开展生物多样性变化调查，完善志书，加强自然保护地建设与监管。重点区域的长期监测极有必要，摸清本底是开展生物多样性保护的根基，而野生动物的种群动态变化往往和人类活动密切相关，这些也是未来探讨人类社会发展和野生动物保护相互促进的重中之重。将更大面积的野生动植物重要栖息地纳入严格保护范围，开展重要栖息地状况调查、监测、评估并建立名录，建设野生动植物及栖息地保护数据信息管理系统。开展栖息地优化整合保护，推进生物多样性跨境区域保护，推动青藏高原生物多样性保护，建设栖息地整体保护生态廊道，实施受损栖息地修复工程，探索荒野地系统性保护和"再野化"实践。

二、组织实施路径（分层次或分类别）

加大生物多样性保护规划、法规与执法监督力度。不管是在青藏高原，还是在全国层面，生物多样性规划、法规，尤其是在其执法监督的力度方面，还面临巨大挑战，难以适应当前生物多样性保护工作的现实需求。各地区各部门应当在完善法规政策的基础上，着重加强执法力度和政策落地实施效度，从社会经济和行业发展规划等方面将生物多样性保护纳入中长期规划，制定本区域生物多样性保护战略，明确生物多样性保护的方式和措施，实现生物多样性保护工作的可持续性及国家生物多样性保护总目标。加大执法和监督检查力度，严厉查处生态破坏行为。在加大执法和监督方面，创新监测和执法手段，将卫星遥感等先进技术引入生态破坏监测体系。健全联合执法机制，加大跨部门、跨区域联合执法，实现资源共享、优势互补，共同打击破坏生物多样性的违法活动。

继续推进山水林田湖草沙冰系统保护修复，维护区域整体生态功能。青藏高原被誉为"世界屋脊"，是我国重要的生态安全屏障、战略资源储备基地和高寒生物种质资源宝库，也是亚洲乃至北半球气候变化的"调节器"，在我国生态保护和修复工作中居于特殊的重要地位。在过去的十几年中，青藏高原地区的生态保护修复成效显著，全面加强自然生态系统保护，持续推进天然林资源保护、退牧还草、退耕还林（草）、西藏生态安全屏障保护与建设、三江源生态保护和建设、祁连山生态保护与综合治理等重点工程建设，有效促进了区域生态质量和服务功能的稳步提升。今后将重点统筹考虑生态系统完整性、自然地理单元连续性和经济社会发展可持续性，推进实施生态系统保护和修复工程。在迁地保护工作中，各地根据本地生物多样性物种资源，优化建设迁地保护设施，构建迁地保护群落，以填补我国在迁地保护管理体系的空缺。加大区域生态系统整体保护、系统修复、综合治理，为生物提供良好的栖息环境，提升生态产品的供给能力，更好地发挥区域生态系统服务功能。

未来，青藏高原生态保护修复资金政策支持力度将持续加大。中央预算内投资将通过全国重要生态系统保护和修复重大工程等渠道，切实加大对青藏高原生态保护和修复的投入力度，有序推进重点项目建设。中央财政结合相关渠道，对重大工程有关建设内容予以积极支持，促进巩固生态保护和修复成效。地方各级政府要把青藏高原生态屏障区生态保护和修复重大工程建设作为重点支持领域，切实履行主体责任，落实金融支持绿色低碳发展专项政策，积极筹措资金，引导和带动社会资本参与，形成资金投入合力，加大对生态保护修复工程的投入力度。大力发展绿色金融，发挥金融在资源配置中的激励作用。探索通过政府购买服务等方式，吸引社会资本参与重点工程建设，推动建设资金多元化。同时，防范化解地方政府债务风险，防止地方政府以项目建设名义盲目举债，坚决遏制新增地方政府隐性债务。

以习近平生态文明思想和总体国家安全观为指导，坚持统筹发展和安全，坚持以人为本、系统治理理念，立足新发展阶段，贯彻新发展理念，构建新发展格局，以促进绿色低碳发展、推动生态环境治理体系和治理能力现代化为目标，建议加强重大生态问题研究，强化国土空间规划和用途管制，统筹国土空间生态保护修复，协同做好生物多样性保护、荒漠化防治和气候变化应对，促进经济社会发展绿色低碳转型，筑牢青藏高原生态安全屏障。

1. 遗传层面

建立青藏高原野生（或濒危）植物物种种质资源库（或备份库）。通过建立低温、低湿的人工种质资源库，来对植物种子、果实、花粉、无性繁殖体等进行保存。建设在昆明的中国西南野生生物种质资源库已保存野生植物种子10 601种（达我国有花植物物种总数的36%）、85 046份，植物离体培养材料2093种、24 100份，DNA分子材料7324种、65 456份，微生物菌株2280种、22 800份，以及动物种质资源2203种、60 262份等，是亚洲最大的野生生物种质资源库，与英国"千年种子库"、挪威"斯瓦尔巴全球种子库"等一起成为全球生物多样性保护的"领跑者"（中国西南野生生物种质资源库，2023）。它使我国的野生生物种质资源，特别是我国的特有种、珍稀濒危种，以及具有重要经济价值、生态价值和科学研究价值物种的安全得到了有力保障；使我国野生生物种质资源的快速、高效研究利用成为可能；也为我国在未来国际生物产业竞争中立于不败之地打下了坚实基础。对青藏高原很多植物资源的保护可利用和借鉴这些成功的经验。

2. 物种层面

首先，加强濒危动植物物种的调查并建立保护区。针对濒危植物资源底数不清和最新发展变化，系统调查濒危植物资源现状、濒危原因与发展趋势，编制濒危植物资源目录，为制定濒危植物保护发展规划提供依据。调查的重点应为处于濒危境地的植物物种，调查内容包括物种种类、分布范围、数量、质量、濒危原因、发展趋势、采取措施等资源现状和应用现状。其次，科学实施重要生态系统保护修复工程，探索生物多样性保护的中国方案。注重自然地理单元的连续性、完整性和物种栖息地的连通性。因地制宜，在三江源、祁连山、羌塘、喜马拉雅山、横断山区和一江两河等区域科学实施保育保护、自然恢复、辅助修复和生态重塑等生态保护修复重大工程。最后，坚持野生动植物保护与开发并重。青藏高原的生物十分独特，高原上许多地方仍保持着当今地球上难得的原野地，不仅从科学和旅游的价值看应该好好加以保护，而且从经济价值看也有它的特殊意义。正是由于青藏高原的潜在价值，以及它在目前尚未充分为国内外所知的神秘性，其所面临的威胁也就特别大，迫切需要及时采取紧急有效的保护措施。

3. 生态系统层面

第一，加强重大生态问题研究，统筹构建资源环境承载能力监测预警体系。加强气候变化对青藏高原水循环、高寒生态系统、生物多样性的影响和风险评估。重点关注冰川退缩、冻土消融对青藏高原生态系统，特别是地表径流量、冰湖扩张和溃决等重大生态系统变化和灾害隐患的影响，以及气候变化对青藏高原植被绿化、防沙治沙和生态系统碳汇的影响。深入研究草原禁牧、过度放牧、草原围栏和冻土层变化对草原退化的影响等。加强青藏高原重要生态区域的水文、地质过程、自然资源、生态状况、生物多样性和自然灾害等野外科学观测站建设，推进多灾种综合风险评估和统筹构建资源环境承载能力监测预警体系。

第二，强化国土空间规划和用途管控，统筹优化城乡空间格局。在资源环境承载能力和国土空间开发适宜性评价基础上，落实生态保护、基本农田、城镇开发等空间管控边界，优化调整自然保护地体系，细化主体功能分区，实施差异化的空间管控策略。建立以国家公园为主体的自然保护地体系，进一步加大保护强度和力度，适度扩大自然保护区面积，在三江源、祁连山、大熊猫国家公园试点基础上，有序推进青海湖、珠穆朗玛、羌塘、冈仁波齐、昆仑山、若尔盖、高黎贡山等地的国家公园建设。优化主体功能区布局，适度扩大国家级重点生态功能区，探索划定自然资源生产保护区（森林、基本草原、水资源、战略性矿产资源等）、自然灾害防护区、自然和人文景观保护区等具有地域特色的分区类型，实施特殊保护措施和空间管控。统筹优化城乡空间格局，加大基础设施和基本公共服务投入，引导居住在自然条件恶劣、自然灾害危险区、自然保护地核心区的农牧民有序向低海拔、河谷地带、一江两河地区聚集，实施生态搬迁工程，实现高海拔地区的"再野化"，给野生动物更多的空间，保留最后的净土和"荒野"。

第三，强化草原生态保护与生产力的提升，更加注重提升草原生态系统服务功能。科学评估落实"宜草则草"，有序实施退耕、退牧还草，加强草原沙化、鼠虫害和黑土滩的综合治理、系统治理和生态修复。科学论证草原围栏建设的成效和对野生动物生存的影响，有序拆除主要生态廊道及其周边地区的草原围栏，恢复生态连通性。加强人工饲草地建设，控制散养放牧规模，加大对舍饲圈养的扶持力度，降低草地利用强度。通过发展生态、休闲、观光牧业等手段，引导牧民调整生产生活方式。深入研究草原保护与生产力恢复对水源涵养、生物多样性保护、防治荒漠化和增加生态系统碳汇等生态产品价值转化的评估和核算，为建立健全生态产品价值实现机制提供依据。

第四，主动适应和减缓气候变化，增强国土空间韧性，促进碳中和。加大青藏高原地区自然灾害调查评价、监测预警和搬迁避让力度。统筹划定自然灾害高风险区域，提高国土空间防灾减灾抗灾救灾能力，特别是铁路、国防公路、大型水电站等重要基础设施的抗灾能力、备份性和冗余性，提升重大自然灾害应急响应能力。加强灾害高风险地区空间管控，强化从规划源头减轻灾害风险，提高综合防灾减灾抗灾能力水平，完善灾害监测预警应急体系。适度扩大生态用地，加强天然林、自然湿地，特别是泥炭地和永久冻土的保护，降低土地利用变化引起的碳排放。加强水土流失和荒漠化治理，科学实施国土绿化，提升生态系统碳汇能力。统筹谋划新增一批风光水热清洁能源生产基地，在风能、太阳能资源富集地区，利用沙地、裸土地、裸岩石砾地等未利用地建设风能、太阳能发电生产基地。加强传统电站的抽水蓄能改造，发展水面光伏和沿岸风电产业，构建风光水多能互补系统，统筹流域水资源战略储备，构建清洁能源走廊。加强西北内陆盆地冰雪融水的地下战略储备，统筹时空和地表地下，建设地下水库，提升地下含水层的调蓄能力。

第五，提升高原生态保护治理体系和治理能力现代化水平。积极探索运用法治思维和法治方式推进青藏高原生态文明高地建设，探索青藏高原生态保护的立法途径，强化国土空间规划体系的指导约束作用，统筹协调生态环境保护治理、生态系统修复和生物多样性保护。支撑保障山水林田湖草沙冰源头治理、系统治理和综合治理。明确水、土地、草原、能源和矿产资源等自然资源开发利用总量、强度和效率等管控指标并监督实施，促进绿色低碳转型发展。建立自然资源资产调查监测体系，统一开展国土空间和自然资源状况的周期性调查、监测、评价和区划，为支撑生态修复过程监管和机制创新提供基础数据。

第四节　青藏高原生物多样性保护战略保障

青藏高原问题既是区域问题，又是影响全国乃至全球的重大问题；

既是生态环境问题，又是关乎经济社会和民族发展的重大问题。自20世纪下半叶，我国组织了多次青藏高原综合科学考察，这些科学考察逐步揭开了青藏高原的面纱，让我们认识到了青藏高原丰富的物种多样性、生态环境多样性和遗传多样性。近年来，大量的研究院所、高校以及国外的保护组织在青藏高原开展了一系列的生物多样性调查工作。国家也在青藏高原上建立了大量的自然保护区，并且建立了三江源国家公园、昆仑山国家地质公园和祁连山国家公园试行点，三江源国家公园于2021年10月正式设立。在科学研究方面，为了进一步推动青藏高原生物多样性研究与保护，许多的科研人员为青藏高原生物多样性的保护和研究做出了大量的工作，其研究主要集中在植物、有蹄类、食肉目和鸟类。

遵循"不求所有，但求所用"的原则，鼓励研究所与地方单位合作共建，科研人员可实行"双聘制"。

院地合作要从以地方求援为主向主动为地方经济社会发展服务转变。在新形势下，院地合作应主动地为地方经济社会发展服务、为人民群众服务，获得地方的支持；要从与政府合作为主向与企业合作为主转变。从当地实际出发，切实了解企业实际需求，提高中国科学院科技成果转移转化的成功率；要从成品对接向半成品对接和源头对接转变。努力在科研项目源头与当地企业界联合，进而得到地方、国家的支持，提高对接的成功率。

加强科技预算统筹协调，防止科技项目投入重复部署。

重视基础研究，设置"青藏专项"等区域性专项项目，开展青藏高原生物多样性相关基础研究。

以满足科技需求为导向，开展科技投入的效果评估。

目前，青藏高原生物标本有一定收藏，但总体数量不多，尤其是动物标本的种类不全、质量良莠不齐，能供研究的标本有限，物种鉴定的准确性有待提高。野外台站方面，不同单位有一些专项的监测平台，但总体监测对象有限、研究水平不高、经费投入很少。

中华人民共和国第七个五年计划（1986～1990年）期间，我国在浙江建立了第一个药用植物种质库，在保护药用植物资源方面迈出了第一步。青藏高原很多植物资源的保护可利用和借鉴这些成功的经验。

建议中国科学院加大对青藏高原国家生物种质资源库的管理和支持力度。根据《青海省十大国家级科技创新平台培育建设工作方案》（青政〔2022〕47号）精神，依托中国科学院西北高原生物研究所建设的"青藏高原国家生物种质资源库"已列入青海省拟建十大国家级科技创新平台。青藏高原国家生物种质资源库围绕青藏高原生物多样性保护、生态安全和绿色发展的国家重大战略需求，服务于青海省生态文明高地建设和高质量发展，立足于青藏高原生物资源禀赋，集成省内外优势科研力量与平台，建成集种质存储、科学研究、产品开发、人才培养、科普宣传和资源共享六大功能于一体的研发共享平台。平台的运行首先需要强大的人才队伍。中国科学院应适当增加相关院所的人员编制，同时建立科学合理的人才引进管理机制，以引进领军人才和骨干人才为重点，加强队伍建设，对科研团队、平台支撑团队和管理团队实行分类配置，形成开放的人才队伍体系。

建议由青海省人民政府、中国科学院共同建设"青海省中国科学院西宁植物园"，围绕西宁国家植物园创建、设立和建设的科技需求开展研究，共同打造青藏高原植物多样性保护、资源利用、园林园艺展示和科研创新平台。"青海省中国科学院西宁植物园"统筹中国科学院西北高原生物研究所和西宁植物园现有相关资源，构建南、北两个园区统一规划、统一建设、统一挂牌、统一标准，以及可持续发展的新格局，实行"一个机构、两块牌子"理事会管理模式，依托中国科学院西北高原生物研究所科研管理体系一体化运行，按照中国科学院核心植物园的学科布局，加强保护生物学、资源植物学、植物生态学等学科建设，同时推进物种保护、园林园艺等应用领域的植物园功能建设。

有计划、有重点地引进高层次人才和急需人才。利用研究院优势，不求所有、但求所用，不求所在、但求所为，引进各类优秀人才。

建立健全以聘用合同和岗位职责为依据、以工作绩效为重点内容的考核机制，逐步完善科学、规范和制度化的评价机制，充分体现人才价值，激发人才活力。

建议青藏高原相关研究的院所适当增加人员编制，同时争取地方人员编制支持，建立合理的人才引进管理机制，通过项目聘用、客座专家等方式，利用国家、中国科学院和地方人才政策计划，不断完善有利于人才发展的激励机制，营造各类人才施展才能的环境。人才队伍规模总量适度增长，结构进一步优化，素质显著提高，竞争优势明显增强。建立和完善与研究院定位和科技布局相适应的人才工作体制机制，建立起人才梯队科学合理、主体多元的人才体系，更加重视科研创新团队建设，发挥人才凝聚效应，强化人才团队优势。

建立以发掘和利用国际科技资源为导向的评价体系，鼓励研究所围绕自身定位、依托承担的国家和院重大项目大力开展国际合作，充分利用国际资源。

设立高水平国际会议基金，鼓励青藏高原地区的相关研究所积极争办和主办重要国际会议。国际会议基金将重点支持研究所和科研人员为争办、主办高水平国际会议开展的一系列活动。

进一步完善科技外事基础管理和服务体系，为中国科学院宏观决策提供依据，为研究所和科学家提供方便。建立充分发挥相关组织作用的机制，做好研究与服务工作。

第三章

云贵川渝生物多样性保护

第一节　云贵川渝生物多样性保护战略形势

云贵川渝地区是我国东部环太平洋带与西部古地中海带间的过渡地带，是我国西南生物与生态安全屏障的重要组成部分。青藏高原的隆升塑造了该区典型的高山峡谷地貌，造就了其独特的垂直自然景观，使其成为全球少有的集热带、亚热带、温带、高山寒带于一体完整的生态系统。云南地处全球36个生物多样性热点地区的"中国西南山地""东喜马拉雅"和"印缅地区"的核心区域和过渡结合部（Myers et al., 2000；Fu et al., 2022）。云贵川渝地区生物多样性高度富集，不仅生物种类异常丰富，而且是全球罕见的各生物门类家谱较为完整的区域。虽其面积仅为中国陆地面积的10%，却分布有我国60%以上的高等植物（22 239种）、50%以上的淡水鱼类（748种）和哺乳动物（380种）、80%的鸟类（1030种）（作者2022年3月统计数据，尚未发表）；且生物区系成分复杂、特有性高，是众多类群的分化中心和分布中心；也是我国生物多样性三大特有中心，即西南山地（滇西北、川西及藏东南）、喀斯特（滇东南—桂西）和川黔湘鄂边界的特有中心的核心地区（应俊生和张志松，1984）。

一、云贵川渝生物多样性保护前沿研究态势

云贵川渝因其特殊的地理区位、独特的地质地貌、复杂多样的生物区系组成、完整的生物多样性家谱和生态系统序列，成为跨境生物多样性保护的核心区域和生物与生态安全屏障体系建设等方面的重要组成部分，它是研究生物多样性形成与维持机制、资源利用与保护等关键热点

科学问题的天然实验室（Rahbek et al.，2019；Larson et al.，2023），也是全球生物多样性基础研究、资源利用以及生物多样性保护和生态文明建设等重要的关键核心区域（张健等，2022）。

云贵川渝地区还是全球重要的作物起源中心。根据苏联植物学家瓦维洛夫1935年修订的全球栽培植物八大起源中心，该地区是"中国中心"的重要组成部分，是众多的栽培植物如水稻、荞麦、茶、桑、柑橘、芒果、荔枝、甘蔗等的起源地，是红原鸡、野猪、亚洲野牛等家养动物的野生祖先和近缘物种的重要分布地区，拥有丰富的经济植物、家养生物的原种和近缘种等重要的战略生物资源，世界著名杜鹃、山茶、木兰、百合等众多的园林著名花卉林木均产于该区域（马金双，2023）。因此，该区域助力中国被誉为"世界园林之母"。

该区域是中国甚至是全球重要的生物资源基因库，为人类文明发展作出了重大的贡献。此外，该区域拥有完整的生态系统和生物进化序列（家谱），是研究生物多样性形成演化等重大前沿理论问题的天然实验室，在今后国家战略生物资源的发掘利用以及解决生物多样性起源演化等重大科学问题方面起着不可替代的作用，为全球所关注。

由于全球变化和人类活动的加剧，该区域的生物多样性受威胁程度日益严峻，生态系统退化、物种多样性丧失速度加剧。因此，保护该区域的生物多样性，是我国生物资源开发利用和战略生物资源贮备所需，将在我国西部生物与生态安全屏障体系建设中起到重要的基础和支撑作用。

二、云贵川渝生物多样性保护取得的成效

（一）生物多样性研究和保护的科研能力建设成效

云贵川渝地区布局有我国生物多样性研究的重要研究机构和科研平台及完善的学科体系。

（1）在科研力量布局方面：中国科学院布局有昆明植物研究所、昆明动物研究所、西双版纳热带植物园、成都生物研究所等重要的研究机构。此外，该区域还有在国家和区域层面上布局的四川大学、云南大学、西南林业大学、云南师范大学、西南大学、重庆大学、重庆师范大学、贵州大学等著名院校和贵州省生物研究所、云南省林业和草原科学研究院、四川省林业科学研究院、四川省草原科学研究院、重庆市林业科学研究院等区域性研究机构，这些机构均设有生物多样性研究领域的平台。目前，该区域布局有生物多样性研究领域各类实验室52家，其中全国或国家重点实验室7家——植物化学与天然药物全国重点实验室（中国科学院昆明植物研究所）、植物多样性与特色经济作物全国重点实验室（中国科学院昆明植物研究所参与）、遗传进化与动物模型全国重点实验室（中国科学院昆明动物研究所）、省部共建云南生物资源保护与利用国家重点实验室、省部共建西南特色中药资源国家重点实验室、省部共建西南作物基因资源发掘与利用国家重点实验室、省部共建非人灵长类生物医学国家重点实验室，此外还有国家重大科学工程——中国西南野生种质资源库、国家工程技术研究中心（国家观赏园艺工程技术研究中心）等，是全国生物多样性领域研究机构最密集、实力较为雄厚的区域。

（2）在支撑平台体系建设方面：该区域拥有植物标本馆44家（贵州有14家，四川有13家，云南有11家，重庆有6家）；其中，馆藏超十万份的有13家，这13家植物标本馆的馆藏占全国的25%（覃海宁等，2019）。例如，中国科学院昆明植物研究所标本馆以西南山地植物为收集保藏特色，馆藏标本总量已超165万份，是全国第二大植物标本馆。此外，该区域还有四川大学生物系植物标本室（标本72万份）、重庆市中药研究院标本馆（标本33万份）、中国科学院成都生物研究所植物标本馆（标本32万份）、中国科学院西双版纳热带植物园植物标本馆（标本 23 万份）（覃海宁等，2019；乔格侠，2021）。该区拥有动物标本馆 20 余家，其中中国科学院昆明动物研究所的昆明动物博物馆是国家二级博物馆、我国西南地区规模最大、收藏量最为丰富的动物标本馆（保藏各类动物标本 97 万余号[①]），中国科学院成都生物研究所两栖爬行动物标本馆中的两栖爬行动物标本馆藏居亚洲第一（科学传播局标本馆科普网络委员会，2022）。这些标本馆是几代科学工作者艰苦努力的结果，见证了西南地区生物多样性考察研究历史，为生物多样性保护研究作出了积极贡献。

（3）在数字化平台方面：围绕云贵川渝地区，建设有一批植物多样性重要的数据库，如"e科考"平台（http://www.ekk.ac.cn，已经广泛运用于第二次青藏高原综合科学考察研究等国家任务中）、生命轨迹（Biotracks）系统（http://www.biotracks.cn，截至 2023 年 12 月 31 日，采集了 300 万余条物种分布数据）、Kingdonia 植物标本数据库（http://kundb.kib.ac.cn，截至 2024 年 5 月，采集了云南近百万份标本数据）、中国西南野生种质资源库数据库（包括了超万种的植物种子信息等）、世界山茶属植物品种注册中心（https://camellia.iflora.cn，截至 2024 年 5 月，涵盖了山茶属中全球所有国家的茶花、茶叶、茶油品种，接受品种名 26 824 个，图片数目已超过 5.8 万张）等，有效支撑了植物多样性的保护和植物资源的挖掘利用。中国科学院西双版纳热带植物园建立了迁地保护植物大数据平台，为社会各界提供了可靠的植物识别查询入口。截至 2024 年 6 月，"中国两栖类"信息系统（http://www.amphibiachina.org）共记录中国两栖动物 3 目 12 科 49 属 676 种，访问量达 1000 万余人次，覆盖 109 个国家，是全国两栖动物研究人员常用数据库。中国兽类多样性监测网（Sino BON Mammals）搭建了野生动物多样性监测图像数据管

[①] 馆史简介. http://www.kiz.ac.cn/museum/museum_int/[2024-07-23].

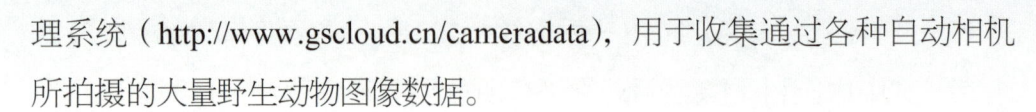

理系统（http://www.gscloud.cn/cameradata），用于收集通过各种自动相机所拍摄的大量野生动物图像数据。

（4）在野外台站建设方面：云贵川渝地区目前建有国家生态系统定位研究站11个，即西双版纳森林生态系统国家野外科学观测研究站、云南哀牢山森林生态系统国家野外科学观测研究站、云南丽江森林生物多样性国家野外科学观测研究站、云南洱海湖泊生态系统国家野外科学观测研究站、四川贡嘎山森林生态系统国家野外科学观测研究站、四川若尔盖高寒湿地生态系统国家野外科学观测研究站、重庆金佛山喀斯特生态系统国家野外科学观测研究站、重庆武陵山森林生态系统国家定位研究站、重庆山地型城市森林生态系统国家定位观测研究站、重庆三峡湿地生态系统国家定位观测研究站、贵州普定喀斯特生态系统国家野外科学观测研究站。此外还有省级野外科学观测研究站，如元江干热河谷生态系统云南省野外科学观测研究站、迪庆白马雪山高山冰缘生态系统云南省野外科学观测研究站、滇池湖泊生态系统云南省野外科学观测研究站、高黎贡山森林生态系统云南省野外科学观测研究站、梵净山森林生态系统定位观测站等50余个。

（5）在保护能力建设方面：①在迁地保护建设方面，中国科学院昆明植物研究所建成了国家大科学工程中国西南野生生物种质资源库（http://www.genobank.org），搜集和保存了11305种野生种质资源（数据检索时间为2024年4月）。成都中医药大学建成了国家中药种质资源库。云贵川渝地区已建设具有迁地保护能力和一定影响力的主要植物园有10余个，包括中国科学院西双版纳热带植物园、昆明植物园（包括丽江高山植物园）、华西亚高山植物园、云南省林业和草原科学院昆明树木园、成都市植物园、峨眉山生态站植物园、贵州省植物园、重庆南山植物园、重庆市植物园、三峡植物园等，共收集保存了近20 000种植物（统计时间为2022年3月）。建有中国保护大熊猫研究中心（位于四川卧龙自然保护区）和成都大熊猫繁育研究基地、云南野生动物园、中国科学院昆明动物研究所灵长类实验动物中心等。②在就地保护方面，云贵川渝四省保护体系日趋完善，已经建成以自然保护区为主体，以世界自然遗产、风景名胜区、森林公园、湿地公园、地质公园、自然保护区等为补充的保护体系（李俊生等，2014）。目前，已建立了512个不同等级的自然保护区，总面积1287.83万公顷，占云贵川渝四省总面积的11.31%。其中森林生态系统类型278个，面积达565.51万公顷，占四省自然保护区总面积的43.87%；湿地生态系统类型保护区57个，总面积达228.94万公顷，占四省自然保护区总面积的17.78%[①]。一些重要区域或生态系统得到了有效的保护，减缓了生物多样性丧失的进程（李俊生等，2014）。其中云南省已建有159个自然保护区，其总面积占云南省土地面积的7.50%。贵州省共有124个自然保护区，占贵州省土地面积的5.06%。四川省共有自然保护区168个，其面积占四川省土地面积的17.15%。重庆市已建立57个自然保护区，其总面积占重庆市土地面积的9.93%。

（6）科研任务布局：据不完全统计，近10年来云贵川渝在生物多样性研究领域组织实施的各类科技计划项目1000余项，项目研究领域涉及生物资源调查、种质资源保存、生态系统保护、生物资源开发利用等方面。例如，近5年来，国家自然科学基金委员会资助了国家自然科学基金重大项目"中国-喜马拉雅植物区系成分的复杂性及其形成机制"等，资助生物多样性相关的项目700余项，总计资助金额3.81亿元（NSTL香山科学会议主题情报服务组，2024）。科学技术部于2017年启动了"第二次青藏高原综合科学考察研究"任务五——生物多样性保护

---

① 全国自然保护区名录. https://www.mee.gov.cn/ywgz/zrstbh/zrbhdjg/201908/P020190807402732088697.pdf[2024-07-23].

与可持续利用，布局了国家重点研发计划"典型脆弱生态修复与保护研究"等重点专项。国家科技基础条件平台等均立项资助了"中国西南地区极小种群野生植物调查与种质保存"等重要项目。围绕云贵川渝及周边区域生物多样性与生态安全，中国科学院布局了战略性先导科技专项A类（如泛第三极环境变化与绿色丝绸之路建设、美丽中国生态文明建设科技工程、创建生态草牧业科技体系、地球大数据科学工程等）、B类（如青藏高原多圈层相互作用及其资源环境效应、大尺度区域生物多样性格局与生命策略等）和C类（如生态草牧业等）。相关部委，如生态环境部也布局了生物多样性调查与评估项目——"横断山南段生物多样性保护优先区域生物多样性调查、观测与评估专题"等。

云贵川渝地区也非常重视生物多样性保护科研任务的布局，云南与贵州均与国家自然科学基金委员会合作设立了"生物多样性"领域的联合基金重点项目（国家自然科学基金区域创新联合发展基金）或地区基金项目。四省份均布局有相关的省级科技计划项目，根据2020年发表的《云南的生物多样性》白皮书，云南省在生物多样性研究领域组织实施的省级科技计划项目近700项；2021年连续投入3个云南省基础研究专项重大项目，开展《云南植被志》研编、滇西北和高黎贡山重要野生植物种质资源发掘利用研究。

（7）人才培养：目前，云贵川渝涉及生物多样性及生物资源研究的两院院士有10位（张亚平院士、方精云院士、季维智院士、孙汉董院士、郝小江院士、张克勤院士、孙航院士、徐星院士、朱有勇院士、朱兆云院士）。中国科学院非常重视西部人才的培养，通过青年促进会、西部青年学者（西部之光）等人才项目凝聚和培养了一批青年科技人才。各省份也设立有地方的相关人才项目，如云南省的科技领军人才——云岭学者，在本省生物多样性研究领域培育了一批省级创新团队，选拔了一批省中青年学术技术带头人及省技术创新人才。重庆市实施了"英才计划"；贵州省提出了"高层次人才引进计划"，构建了"黔归人才综合信息数据库"。这些高层次人才和团队已成为区域生物多样性保护的领头人和中坚力量。

国际合作：通过"一带一路"的影响力，以及与周边国家开展生物多样性保护协作或建设分支机构，如中国科学院在缅甸建立中国科学院东南亚生物多样性研究中心，与乌兹别克斯坦科学院共建全球葱园（分为昆明中心和塔什干中心）等，云南省积极推动跨境生物多样性保护工作，包括：①积极推动建设跨境生物多样性保护多边合作机制。与老挝南塔省、琅勃拉邦省签署了《环境保护合作备忘录》，与缅甸签订《中缅边境资源保护联防协议》。②实施跨境生物多样性保护合作项目。该省组织实施了中缅经济走廊生态变化研究、老挝南塔省和琅勃拉邦省环境保护交流合作能力建设技术援助、大湄公河次区域森林生态系统综合管理规划与示范等一批项目。其中，与亚洲开发银行联合实施"大湄公河次区域核心环境计划和生物多样性保护廊道规划"项目，促进了西双版纳国家级自然保护区和老挝南塔省南木哈国家公园之间的生态廊道及核心区生物多样性的保护，有效地推动了中老跨境地区生态、社会、经济与文化的建设。③加强跨境生物多样性保护合作能力建设。2015年以来，中国科学院连同地方及相关院校围绕生物多样性资源可持续利用与管理、生物安全、生物多样性价值评估等方面内容，针对南亚、东南亚（东盟）等地区举办了40余期国际培训，为周边发展中国家提供人员技能培训和发展经验分享。④开展跨境生物多样性保护专题研究。基于云南省边境地区生物多样性和自然保护区建设现状调查，云南省及中国科学院相关研究所组织开展了跨境生物多样性保护专题研究，形成了跨境生物多样性保护现状调查报告、重点物种跨境廊道示范研究报告及跨境生物多样性保护对策研究报告。

（二）生物多样性保护取得的成效

1. 生物多样性本底调查和编目成效显著，为研究及保护奠定基础

国际和国内各部门和机构都非常重视云贵川渝生物多样性调查。20世纪70年代，中国科学院组织了青藏高原综合科学考察、横断山考察等，编撰出版了《横断山区维管植物》（上下册）、《横断山区苔藓志》、《横断山区昆虫》（1~2册）、《横断山区两栖爬行动物》、《横断山区真菌》、《横断山区鸟类》、《横断山区植被分区》等。区域动植物志、区域生物多样性研究或类群的专著也相继出版，如《重庆缙云山植物志》《峨眉山植物志》《横断山高山冰缘带种子植物》《独龙江地区植物》《高黎贡山植物资源与区系地理》《贡嘎山植被》《西双版纳高等植物名录》《云南大型真菌图志》《重庆维管植物检索表》《川西地区大型经济真菌》《贵州食用真菌和毒菌图志》等。此外，云贵川渝大部分自然保护区完成了本底资源的基础调查，出版了综合科学考察报告，如《重庆金佛山国家级自然保护区生物多样性》《哀牢山自然保护区综合考察报告集》等；出版了全球最大的地方志《云南植物志》（共21卷），以及《贵州植物志》《四川植物志》《贵州鸟类志》《贵州爬行类志》《四川鱼类志》《云南两栖类志》《云南两栖爬行动物》《云南鸟类志》《云南鱼类志》等；在植被方面，出版了《云南植被》《四川植被》《贵州植被》《云南森林》等著作。这些成果系统全面地回答了云贵川渝现有生物种类和分布问题，基本摸清了生物资源的本底。

2. 生物多样性科学理论和关键技术研究取得了显著的成绩，有效地支撑了生物多样性保护和生态安全屏障建设

在基础理论研究方面，国家科技图书文献中心（National Science and Technology Library，NSTL）香山科学会议主题情报服务组通过对生物多样性及相关关键词的检索，1991年至今的发文量整体呈上升趋势，

其中2014～2020年是发文量增长较为快速的阶段。在研究方向上，该领域全部的742篇论文分布在44个研究方向上（不完全统计）。其中，植物科学、环境科学与生态学、进化生物学、遗传学、动物学等是排名前五的研究方向（NSTL香山科学会议主题情报服务组，2024）。通过关键词分析，该领域研究方向主要集中在演化、DNA序列、生物地理学、系统发育、气候变化等方面，研究地区主要为青藏高原、横断山脉、喜马拉雅地区等。在研究机构上，发文10篇以上的机构共24个，其中中国相关发文机构有20个，其次为德国，有两个机构，美国和英国各有一个机构。进入发文量前三位的机构均来自中国科学院，分别是中国科学院大学（可能包括了中国科学院各研究所的发文）、中国科学院昆明植物研究所、中国科学院植物研究所；进入发文量前十位的机构还有四川大学、中国科学院动物研究所、中国科学院西双版纳热带植物园、云南大学、中国科学院成都生物研究所、兰州大学、中国科学院昆明动物研究所等。在研究的区域分布上，该领域相关论文涉及的国家/地区共49个，其中发文量在5篇以上的国家/地区共23个，其中中国、美国、英国在该领域的发文量居前三位。经初步统计还看出，从2011年开始，每年新进入该领域的研究人员增幅较大，发文量以及高质量论文数量在持续增加，表明了该区域的研究关注热度在不断上升。这些研究解决了生物多样性保护的科学机理或关键技术问题，研究成果在实践中得到成功应用。

3. 物种就地与迁地保护网络不断完善，一批珍稀濒危物种和极小种群物种数量增多

通过国家、中国科学院以及各省在生物多样性领域的科技计划项目的实施和完成，重大生态工程等和项目的实施，以及政府各级部门的努力和重视，生物多样性及生态屏障保护体系的建设日趋完善，森林滥伐、侵占湿地等生态破坏问题得到扭转，退化的生态系统逐步得到修复，生物多样性和生态服务功能得到提升。物种就地、近地与迁地保护网络不断完善。一些野生动植物种群数量稳中有升，分布范围逐步扩大，生境与栖息地环境得到不断改善。滇金丝猴、长臂猿、中国大鲵、绿孔雀、黑颈鹤、亚洲象、红豆杉等种群的保护和恢复成效显著。一批极小种群和极度濒危的物种如华盖木、西畴青冈、杏黄兜兰、漾濞槭等物种繁育回归成效良好，其中漾濞槭已从极小种群物种名录中摘除。建设的西双版纳州亚洲象救护与繁育中心，改善亚洲象栖息地及建设食物源基地近万亩[①]。截至2021年底，亚洲象种群数量增至360头左右，中国野生亚洲象的种群数量近几十年来一直呈持续增长的趋势。对于西黑冠长臂猿，在确认的374个西黑冠长臂猿群体中有319个群体分布于自然保护区内，保护率达到85.29%。在绿孔雀研究保护方面，中国科学院联合林业主管部门、社会组织、动物保育机构等，共同推进保种增量、人工繁殖、社区共建科学管护。截至2021年底，绿孔雀野生种群共555~600只；2023年元江上游绿孔雀调查监测结果显示，元江上游绿孔雀种群数量已经达到710~762只，种群数量增长明显，且呈现明显的向外扩张的趋势，保护成效显著。在黑颈鹤研究保护方面，中国科学院围绕物种的分布、种群动态、迁徙、行为与保护等，开展系列研究，理清了世界上黑颈鹤的分布和种群动态。根据2020年版《云南的生物多样性》白皮书，其种群数量显著增加，从1996年的5600~6000只，增长到2020年的1.6万余只。2020年7月，世界自然保护联盟将黑颈鹤从受威胁物种名录中移除，将其濒危等级由"易危"调整为"近危"。滇池、抚仙湖等湖泊以及金沙江、澜沧江等河流处，多次实施大规模人工放流，滇池金线鲃、星云湖大头鲤、叉尾鲇、云南倒刺鲃、抚仙四须鲃等鱼类已批量生产苗种，滇池金线鲃实现回归滇池湖体，星云湖大头鲤种群数量实现恢复性增长。

[①] 1亩≈666.67平方米。

4. 种质资源收集保藏、鉴定评价和保护利用卓有成效

在"青藏高原特殊生境下野生植物种质资源的调查与保存""西南民族地区重要工业原料植物调查""中国西南地区极小种群野生植物调查与种质保存"等国家和省级科技计划/项目支持下，通过种质资源库、植物园和保护区等建设，云贵川渝动植物及其野生近缘种的遗传多样性保护取得较好进展；中国科学院昆明植物研究所的山茶园是我国收集全球山茶花品种最全的机构，获得了国际杰出茶花园、国际山茶属植物品种登录中心的荣誉；中国科学院西双版纳热带植物园保护的珍稀濒危植物达到1351种，作为中国植物园联盟的牵头单位推进的"本土植物全覆盖保护计划"在全国范围内实施，形成了"本土植物编目—专家评估—野外拉网式考察—针对性保护"一套完整的区域本土植物保护体系，完成了我国近三分之二本土植物的评估与野外考察，对2620种受威胁植物采取了保护措施，有效降低了其灭绝风险。国家非人灵长类实验动物资源库重点保藏猕猴、食蟹猴、短尾猴、树鼩等在内的8种非人灵长类实验动物活体、生物样本、疾病动物模型和信息资源，是集技术培训和共享服务为一体的国家科技资源共享服务平台（引自《云南的生物多样性》白皮书，2020年）。此外，我国还正在建设云南省畜禽遗传资源基因库，该基因库将主要保藏云南省本地特有、珍稀畜禽品种的精液、细胞系、组织样本等种质资源。

三、云贵川渝生物多样性保护成功案例和标志性成效

1. 建成世界第二、亚洲最大的野生生物种质资源库

2004年，中国西南野生生物种质资源库项目获得了国家发展和改革委员会的立项批准，保存模式为"五库一体"，即以种子库为核心库，兼具植物离体库、植物DNA库、动物种质库和微生物库；最终目标是中

国的生物战略资源得到保障，为实现生物多样性的有效保护和实施可持续发展战略奠定物质基础。截至2023年底，种质库已保存11 305种、90 738份种子（种类占我国种子植物的38%），植物离体培养材料2093种、24 100份，动物种质资源2253种、80 362份，微生物菌株2320种、23 200份；与英国"千年种子库"、挪威"斯瓦尔巴全球种子库"一起成为全球生物多样性保护的"领跑者"。

2. 建设以中国科学院昆明植物研究所扶荔宫为核心体验区的生物多样性体验园，有效支撑COP15的成功举办

在2020年联合国生物多样性大会（COP15）期间，扶荔宫接待了国家领导人韩正率领的代表团30人，省部级领导、国家发展和改革委员会、科学技术部、生态环境部、国家林业和草原局、中共中央政法委员会、国家安全部等领导代表团40人，以及联合国《生物多样性公约》秘书处执行秘书长伊丽莎白·马鲁玛·穆雷玛（Elizabeth Maruma Mrema）和副执行秘书长哈利·大卫·库珀（Harry David Cooper）等。以扶荔宫为核心体验区的生物多样性体验园向世界展示了生物多样性之美的丰富内涵，展示了云南各族人民尊重自然、顺应自然、保护自然的精神，共谋人与自然和谐生存之道，共同呵护好人类赖以生存的地球家园。

3. 提出"花－鱼－螺蚌－鸟"的高原湖泊立体生态修复模式

由中国科学院昆明动物研究所与中国科学院昆明植物研究所共同制作的"滇池湖泊生态系统活体展示缸"，创建了"花－鱼－螺蚌－鸟"的高原湖泊立体生态修复模式，体现了云南高原湖泊治理最理想的状态。目前，该生态系统已经用于滇池生态修复。

4. 极小种群植物种质资源评价与种群规模化恢复关键技术

"极小种群野生植物"是近年来中国针对受人为干扰严重的野生植物发展的一个保护生物学新概念。针对符合这个概念的物种，我国从国家、省级到地方层面开展了很多拯救保护行动。在国家科技基础资源调查专项项目"中国西南地区极小种群野生植物调查与种质保存"（项目号2017FY100100）的资助下，基本查清了分布于云贵川渝地区极小种群野生植物的资源本底，并对若干物种的种质资源进行了采集保存。该区近100种（隶属40科）野生植物处于极度濒危的状态（孙卫邦等，2019）。通过加强自然保护地建设、重大生态工程等就地和栖息地恢复措施，辅之以迁地保护，一些野生动植物种群数量稳中有升，分布范围扩大，生境与栖息地环境不断改善。例如，云南省建设有野生植物类型自然保护区10个，面积达7.76万公顷；野生动物类型保护区23个，面积达42.79万公顷。针对云南蓝果树、西畴青冈、华盖木、弥勒苣苔、滇藏榄、漾濞槭等分布于保护地外的极小种群野生植物，建立了30个保护小区（点），补充完善了就地保护体系（引自《云南的生物多样性》白皮书，2020年）。

5. 低纬高原地区天然药物资源野外调查与研究开发

由云南省药物研究所朱兆云院士主持完成的"低纬高原地区天然药物资源野外调查与研究开发"，获2012年度国家科学技术进步奖一等奖。项目摸清了低纬高原地区天然药物资源现状，准确鉴定354科1534属4012种天然药物；发现新分布药用植物93种、新药用植物资源451种；研发创新药9个，其中6个进入国家基本药物和基本医疗保险药品目录；获国家授权发明专利12项。低纬高原地区天然药物资源野外调查与研究开发取得了显著的经济效益和社会效益。

6. 共建全球葱园、东南亚生物多样性研究中心等，成为跨境生物多样性保护的领军力量

在中国科学院国际合作局等部门的支持下，中国科学院昆明植物研究所与乌兹别克斯坦科学院植物研究所联合共建了全球葱园。全球葱园于2017年启动建设，包括中国昆明中心和乌兹别克斯坦塔什干中心，迄今已收集保育葱属植物超过200种，成为全球葱属特别是野生葱属植物

保护、研究、资源挖掘和科学传播的重要基地，产生了积极的示范效应，获得了乌兹别克斯坦国家领导人的高度关注（朱卫东等，2018）。在国务院新闻办公室2019年4月19日举行的国务院新闻发布会上，全球葱园的建设被列为科技支撑"一带一路"建设重要示范平台。同时，正在谋划中亚5国（哈萨克斯坦、乌兹别克斯坦、塔吉克斯坦、吉尔吉斯斯坦、土库曼斯坦）+中国（即"5+1"）共建中亚生物多样性研究中心或联合实验室，建成后，东亚－中亚的生物多样性热点区的研究机构将形成合作联盟，对国际生物多样性研究及保护产生重要的影响。依托中国科学院西双版纳热带植物园共建的"东南亚生物多样性研究中心"已成为该地区发现新物种最多的研究组织。在帮助东南亚国家摸清生物多样性的本底同时，还培养了专业人才，增进双方的交流和互信，成为该地区一支重要的生物多样性保护力量。

7. 推动生物多样性保护和民族文化相结合

云贵川渝地区是我国最早开展少数民族植物学研究的区域，成为中国民族植物学的摇篮，是老一辈民族植物学家开展研究的地区，他们不仅对傣族、哈尼族、基诺族的植物文化、民族文化等进行了系统整理研究，还培养了一批年轻的民族植物学家，在此基础上还建立了中国科学院西双版纳热带植物园的民族植物园、中国科学院热带雨林与民族文化博物馆等科普教育场所和设施，对少数民族的文化传播、生物多样性保护和科普旅游的发展起到支撑作用。

8. 云南省率先厘清生物多样性本底，颁布了我国首部生物多样性保护地方性法规

云南率先完成了《云南省生物物种名录（2016版）》《云南省生物物种红色名录（2017版）》《云南省自然生态系统名录（2018版）》《云南省外来入侵物种名录（2019版）》，摸清了本底，对物种受威胁状况进行了全面评估，支撑了全国首部针对生物多样性保护的地方性法规——《云

南省生物多样性保护条例》的确立。此外,《云南省生物物种红色名录（2017版）》填补了中国大型真菌和地衣红色名录空白，是中国第一份省域物种红色名录，体现了云南省履行《生物多样性公约》的实际行动。

四、云贵川渝生物多样性保护存在的主要问题

（一）仍存在调查薄弱和空白区，野外科学考察与数据质量参差不齐，编目的精准度尚需提高

由于地形复杂和交通到达困难等问题，云贵川渝仍存在不少调查薄弱甚至空白区（如边境沿线山地、高山冰缘带、怒山山脉、干热及干暖河谷、喀斯特地区、滇中高原、乌蒙山区等）。此外，分类学基础工作研究的不均匀、分类学等基础工作人才不足导致标本采集数据粗放、鉴定准确度低，生物多样性富集的保护区等关键地区编目质量参差不齐、精准度不高，甚至影响相关数据库的质量（孙航等，2017）。

（二）生物多样性数据多头或重复建设、不规范、难整合

云贵川渝普遍存在生物多样性信息多头建设的弊病，由于缺乏统一的标准规范，其信息难以共享。这导致了生物多样性数据杂乱、信息来源不准确、管理不善和人才缺乏等问题。此外，分类学研究和人才的不足，使得生物多样性数据的质量不高，访问量和利用率偏低，仍有许多数据库难以达到精准支撑科研和社会的需求。

（三）相比全球其他热点区，本区域研究仍然是薄弱的

云贵川渝作为中国西南山地生物多样性热点区的核心，其研究进展及成果与全球其他生物多样性热点区相比仍然显得十分薄弱。对比全球生物多样性热点区的研究情况，近20年来研究最多是地中海地区，其次

分别是澳大利亚西南部、南非开普敦地区、阿尔卑斯和安第斯山脉。以中国西南山地为研究对象发表的论文数量只占地中海地区研究论文数量的 6.19% 和澳大利亚西南的 6.44%（作者 2000 年底的不完全统计数据，尚未发表）。然而，中国西南山地是全球生物多样性家谱最为完整的区域，也是生物多样性及生物资源最为丰富的区域之一。因此，需要加大研究投入力度，综合多学科、多维度对该区域生物多样性及生物资源开展系统和深入的研究。

（四）前沿和关键科学问题仍未完全回答

西南山地生物多样性是如何形成的？为什么会有如此丰富的生物多样性？新种系是如何形成的？这些仍然是国际进化生物学关注的前沿科学问题。在全球变化背景下，如何保护生物多样性与生态系统，如何挖掘和可持续利用生物资源，如何构建跨境地区生物与生态安全屏障体系等，也是生物多样性、生态系统与保护生物学迫切需要回答的科学问题。

（五）跨境生物多样性保护多边合作体系不完善、机制不健全

云南边境线长 4060 千米，与缅甸、老挝、越南等东南亚国家山水相连，做好跨境生物多样性保护、构建跨境生物安全和资源安全保障体系，对维护好国家和区域生态安全、筑牢西南生态安全屏障具有重要意义。需要通过推动建立政府间长效合作机制来健全生物生态保护国际合作体系；通过规划建设跨境生物多样性保护廊道来实施共同保护行动，实现跨境生物多样性整体保护，维护区域、国家乃至国际生态安全。

（六）云贵川渝作为欠发达地区，科研力量不足，尤其年轻一代战略科学家稀缺

生物多样性许多基础学科属于传统的生物分类、生物地理等学科。

这些学科同生物学其他学科领域相比，在资源争取、成果评价以及人才集聚等方面均处于边缘地位。另外，云贵川渝属于西部欠发达地区，受区域发展和工作环境的限制，与其他经济社会发达的地区相比，云贵川渝大部分地区社会发展水平相对比较落后，对人才的吸引乏力以及稳定人才的外部环境还显不足。

五、云贵川渝生物多样性保护新使命新要求

新阶段西部生态屏障建设对云贵川渝生物多样性保护领域科技的重大需求主要体现在以下方面。

（一）战略生物资源安全

如前所述，中国西南山地是全球重要的作物起源中心，拥有重要的作物野生种或近缘种，对我国资源发掘、作物品质改良有着举足轻重的作用，是我国重要的生物资源基因库，也是全球人类文明进步发展的重要资源保障。在该区域至少有三分之二的生物资源未被认识和利用，这些资源在未来将对我们的社会、农业及经济发展具有重要的战略意义。因此，调查、评估和保护我国战略生物资源是构建西南生态屏障安全的重要组成部分。

（二）生物资源的发掘和可持续利用

近年来，全球变化以及人类活动如建设工程、土地利用、环境污染等对该区域的生物多样性产生了重要的影响；特别是生物资源的过度利用如高山冰缘带的雪莲采集，药用资源、各类兰花资源的无序采集和破坏不仅造成了资源的枯竭或消亡，同时导致了生态系统结构及服务功能的改变或破坏。因此，应发现利用新的植物资源、研发资源可持续利用

的技术方法，合理利用土地资源，建立区域资源可持续利用和环境友好的生态发展模式，保证生态屏障的稳定和安全。

（三）生态系统安全

有效保护原生生态系统，特别是脆弱或易受威胁的生态系统如高山冰缘、干热干暖河谷及喀斯特等生态系统，深入研究生态系统中生物间互作机制以及物种多样性的形成和维持机制。开展外来物种入侵及防控的研究，有效控制外来物种对生态安全屏障的影响。

因此，在西南山地（云贵川渝地区），生物多样性有效保护是对生态安全屏障的保障，但同时其保护和发展的矛盾较为突出。

（1）全覆盖对生物多样性基础资料进行精细调查和评估，建立精细、综合全面、可信度高的生物多样性大数据平台。弄清生物多样性本底和分布以及潜在的价值，对其进行定量和动态评估和监测，为深入开展生物的基础研究、资源发掘利用和有效保护提供基础资料和支撑。

（2）加强生物多样性领域基础研究，弄清生物多样性家谱及来龙去脉、繁殖适应机制，进而解决生态系统及生态屏障安全体系中的基础理论问题。

（3）阐明生物多样性濒危机制，丰富保护生物学的理论和技术体系，研发种群恢复技术，构建以就地保护和恢复为主、以迁地保护和近地保护为补充的完整的濒危和极小种群物种的有效保育体系。

（4）解决好发展与保护的问题，做好生物多样性保护规划以及区域经济发展规划。研发资源挖掘利用新技术、新方法，推动资源可持续利用及绿色发展新途径。

（5）加强生物多样性保护领域科学研究和人才培养，特别重视技术和管理人才的培养，形成完整的生物多样性研究、保护和管理人才梯队。

（6）推动建立跨境生物多样性保护战略合作网络建设，有效保证跨境生物资源及生态屏障的稳定安全。

六、中国科学院在本区域生物多样性保护中的重要作用

1. 布局和建成了高水平的生物多样性研究平台

如前所述，中国科学院在云贵川渝布局了从事生物多样性研究的系列研究所和重点实验室（包括全国重点实验室、国家大科学装置），新阶段将围绕科学前沿、国家和科学院及云贵川渝战略需求，充分发挥生物多样性、生物地理学和植物化学等优势特色，通过国家重点实验室重组来整合研究力量并聚焦科学目标，优化重点研究领域，创新运行机制，加强和提升支撑平台（如分析测试、标本馆、数据库、就地和迁地保藏及恢复体系、野外台站以及新技术的运用等）的有机衔接和相互支撑能力，促进数据资源开放共享，充分释放创新创造活力，提升科技支撑保障整体效能。

2. 部署重大研究计划

前瞻部署或承担国家重大项目，支持生物多样性保护的基础理论、关键恢复技术、评估和监测体系及资源可持续利用等领域的综合研究和联合攻关。强化战略导向，促进交叉科学发展，提出新理论，发展新方法，有效支撑西部生态安全屏障建设。

3. 加强人才队伍建设

制定适合西部的人才政策，加大引进和培养人才的力度，重视本土人才的培养。同时，加大开放力度，吸引国内外优秀的人才，构建合理的人才结构体系和梯队。

4. 大力推进国际合作

以"一带一路"倡议为契机，深化国内外深度开放合作，加快构建与周边国家和地区的跨境生物多样性保护联盟，培养跨境生物多样性保

护和管理人才，进一步推进和加强共建实验室、野外台站以及资源共享的进程。

第二节 云贵川渝生物多样性保护战略体系

一、总体思路

深入贯彻习近平生态文明思想，深入研究云贵川渝生物多样性的形成与维持机制以及在全球变化下面临的挑战，提出科学决策和有效应对举措，全面提升区域生物多样性保护能力，确保重要生态系统、生物物种和生物遗传资源得到全面保护，将生物多样性保护理念融入生态文明建设全过程。

二、基本原则

加强和引领生物多样性国际前沿的基础研究，丰富和发展保护生物学理论，提升生物多样性精细调查评估和监测能力，保障国家生态及资源安全；解决生物多样性有效保育的关键技术（如种群繁殖恢复及回归等），合理开发和可持续利用生物资源，推进绿色发展产业示范，实现人与自然和谐共生，筑牢西部生态安全屏障。

三、方向布局

根据国家需求、科技前沿和现有基础，针对云贵川渝生物多样性保护，进一步凝练出战略性科技方向、关键性科技方向。

1. 战略性科技方向

（1）基础研究：山地生物多样性为什么如此丰富一直是全球关注的热点问题，利用中国西南山地在全球生物多样性形成演化的得天独厚及不可替代的"天然实验室"的有利条件，从全球角度聚焦中国西南山地生物多样性前沿基础研究，解决生物多样性起源进化、新种系形成及生态适应机制、种群衰退和濒危机制等进化生物学的重大理论问题，抢占生物多样性科学研究的制高点，引领学科发展方向，为区域生物多样性保护和生态安全提供理论支撑。

（2）评估监测：实施生物多样性精细调查评估、战略生物资源收集保存和评估，建设和完善生物多样性动态监测体系，推动跨境生物多样性保护合作与联盟建设，控制外来物种入侵。

（3）有效保护：从物种保护向物种的遗传多样性保护转变，有效保护遗传多样性，实现生态系统、物种、遗传三个层面保护的有效结合。加强旗舰物种、珍稀濒危和极小种群保护以及种子生物学等关键技术的研究，提升就地保护和迁地保护（种质库等）的质量和能力。

（4）绿色发展：加强生物资源的发掘利用，利用新的技术方法和学科交叉发掘新资源及资源的新用途，研发可持续利用新技术，构建可持续发展以及人与自然和谐的生态经济模式。

2. 关键性科技方向

（1）西南山地生物多样性快速演化的关键创新机制：综合多学科、多层面（生态系统–物种–基因组）的研究，揭示物种形成和快速进化的关键创新性状及其快速进化的创新驱动机制；结合大数据驱动的研究模式，弄清生物多样性时空演化格局及多样性形成和维持的机制。

（2）新型生物资源的挖掘利用和可持续发展示范：面对西南山地丰富的生物资源，至少有三分之二的物种的利用价值研究还处于空白，利

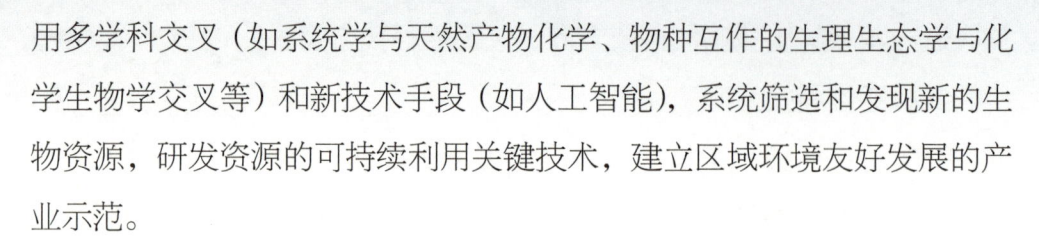

用多学科交叉（如系统学与天然产物化学、物种互作的生理生态学与化学生物学交叉等）和新技术手段（如人工智能），系统筛选和发现新的生物资源，研发资源的可持续利用关键技术，建立区域环境友好发展的产业示范。

（3）种群恢复和回归示范关键技术：探讨珍稀濒危物种或极小种群物种的致危机制，弄清其繁殖和生长发育的关键因子，研发种群繁殖和恢复的关键技术，以及迁地和回归保护的技术和保障体系等。

（4）种质资源保藏的关键核心技术：物种的多样性导致了其种质（子）生理生态的多样性和复杂性（寿命、保存方式、顽拗性等），种子生物学等基础研究的不足导致了野生种质资源收集后能否成功保存存在一定的盲目性。需要布局和加强种子生物学等基础和关键技术的研发。

（5）外来物种基础生物学研究及防控技术：调查和评估外来物种入侵及其对生物多样性和生态系统的影响，解析入侵和快速扩展的分子机制，探讨有效控制外来物种的技术，探讨有效控制或综合利用外来入侵物种的新途径。

四、阶段性目标（至2025年，至2035年，至2050年）

1. 至2025年

（1）在科研能力建设上，完成重点实验室的重组与布局，完成国家植物园体系的建设，布局3~5个野外观测台站。开展生物多样性调查薄弱或未知区域的调查，初步实现生物多样性网格定量调查、数据精准收集和数据库平台建设。

（2）在基础、技术研发和资源可持续方面：针对性地布局一批国家重大科技或攻关项目，构建调查—评估—发现—利用—保护完整的研究体系；形成生物多样性研究和保护领域具有国际影响力的研究团队，产出一批前沿引领性研究成果。濒危或极小种群物种有效保护初见成效，形成中国生物多样性保护的新思路和新模式。

2. 至2035年

（1）科研能力大幅提升：中国科学院相关研究所成为国际上有影响力或著名的生物多样性研究和保护机构。生物多样性数据库数据量和质量居于国际领先水平；实现西部生物多样性的周期性调查、变化评估和长期性监测。发掘一批有前景的新资源，并成功进行实验示范或初步实现产业化，甚至发展成为区域支柱产业，从而有效保障并增强生态安全屏障的功能。

（2）生物种质资源收集保藏量位居世界前列：通过就地保护和迁地保护（如国家植物园体系建设）以及保藏体系的扩容和提升（如种质库等），使云贵川渝地区三分之二以上的物种得到有效保护，区域生物多样性丧失的速度大幅减缓或基本得到遏制；生物种质资源收集保藏量进入世界前列。

3. 至2050年

（1）在西部的生物多样性研究机构进入世界前列：引领国际生物多样性前沿科学研究，形成具有国际领军人才、高水平的研究队伍。

（2）西部生物多样性得到有效保护：进一步筑牢西部生态安全屏障，"绿水青山就是金山银山"的生态文明建设目标完全实现。

第三节　云贵川渝生物多样性保护战略任务

一、科技问题

围绕国家需求、科技前沿和现有基础，进一步凝练出战略性重大科技问题、关键性科技问题、基础性科技问题三个层次的科技问题。

（一）战略性重大科技问题

1. 山地生物多样性起源与格局形成、物种形成的关键创新机制等重大理论问题

"世界上有多少物种？""什么决定了物种多样性？"被列入 *Science* 公布的 125 个最具挑战性的科学问题，是进化生物学和保护生物学广泛关注的热点（Kennedy，2005；Larson et al.，2023）。以中国西南山地生物多样性为核心辐射全球，开展山地生物多样性起源演化的创新驱动机制的研究，该研究属于国际前沿的重大理论研究，具有跨区域、跨领域以及综合性、全局性、前沿性等特点，属于西部生态安全屏障建设的重要组成部分（张健等，2022；王毅等，2023）。

2. 全球变化对西南山地生物多样性格局的影响

物种是生态系统的基本组成单元，物种多样性的变化直接影响生态系统的稳定和生态安全屏障（王毅等，2023）。全球变化包括气候变化和人为活动（如大的基础工程、温室气体排放、生态系统破坏、外来物种入侵、资源和土地过度利用等），对物种的分布格局、区系组成、适应进化、种群数量、生态网络等都会产生深远的影响。例如，温度升高导致

树线上升和低地物种的入侵压缩了高山冰缘带植物的生存空间，造成物种种群下降或区域消亡；同时，温度升高导致物种稳定的生态网络发生变化，进而造成生态系统的结构发生变化（杨扬等，2019）。另外，人类活动如大型水电工程会导致水生生物结构的变化，河水淹没会导致河谷植物多样性的消失（沈泽昊等，2016）；资源的过度利用导致的物种濒危甚至人类活动造成了物种形成新的适应种系，如高山贝母的商业采挖导致了其保护色表型的进化，外来物种的入侵改变或破坏了原生的生态系统和生物区系构成等（Niu et al.，2021；肖俞等，2023a）。到目前为止，全球变化对西南山地生物多样性影响的研究很少，有众多的理论问题需要探究。

（二）关键性科技问题

1. 西南山地生物多样性为什么如此丰富？其形成和维持机制是什么？

这是该区域进行生物多样性研究和探究生态安全屏障时所形成的关键理论问题。西南山地特殊的山脉走向（南北走向，也称为横断山区或纵向岭谷地区），既是天然的生态屏障，也是物种南北迁移汇聚、东西隔离分化的区域（刘洋等，2007；Chen et al.，2018）。因此，该地区在地质历史上受冰期等因素的影响较小，且是物种在冰期时的避难所；加之复杂多样性的生态环境，孕育了复杂多样的物种和生态系统（Sun et al.，2017）。西部生态屏障就是由这些复杂多样的生态系统构成的，而每个生态系统的稳定性则是构成生态安全屏障的基本保障。弄清该区域物种多样性的家谱、新种形成及稳定机制，是认识这些生态系统形成和稳定机制的基础。因此，应综合多学科、多层次，利用现代基因组学、转录组学等多组学技术，探究驱动生物多样性快速进化的关键创新机制，解析西南山地生物多样性高度富集的成因以及新种形成及稳定机制，探讨普适性的山地生物多样性分布格局形成和适应性进化机制（孙航等，

2017）。阐释"植物－动物－微生物物种互作共存机制"，最终全面认识中国西南山地生物多样性的形成和维持机制，有效保护生态系统和生物多样性。

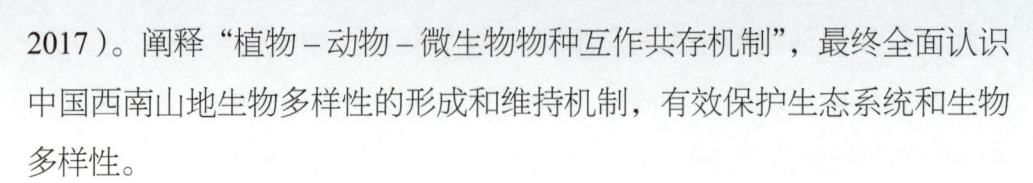

2. 西南山地生物多样性的精细格局如何？发生了什么变化？如何定量评估？

西南山地生物多样性调查和数据存在诸多问题。①区域间调查收集不平衡。过去的生物多样性调查采集基本是踏查性的，虽收集了不少的标本和数据，但由于历史条件以及学科发展等条件的限制，存在区域间调查收集的不均衡，一些区域或线路重复采集量大，而另一些区域或线路采集量小甚至是调查空白。对已有采集信息的分析表明，采集活动大部分是依道路进行或仅关注热点区，尤其是距道路5千米内植物采集数量最多（蒯新元，2024）。②基础数据的收集不完善。例如，通过对我国标本馆标本的分析发现，许多标本记录不全，区域、海拔、年代等基础数据缺乏或不完善，2009年以前采集的全球定位系统（global positioning system，GPS）信息记录不足10%（Qian et al.，2020）。③标本的鉴定正确率低，目前全球标本鉴定正确率不足50%，我国标本馆标本的鉴定正确率初步估计也只有35%～50%（Qian et al.，2020）。基础数据的不完整或不精确会影响基于数据分析的各类研究，甚至对生物多样性保护的政策等产生影响。④近来全球变化加剧，物种栖息地消失和破坏严重，缺乏对当前生物多样性进行全面的调查，难以评估和预测全球变化对生物多样性格局的影响。随着现代网络技术以及人工智能对植物多样性基础数据进行采集方式的变革，一些快速的调查收集和辅助鉴定的应用（application，APP，如e科考、Biotracks、花伴侣等）的开发，可以通过网格化进行准确、高效、全面的信息资料收集，实现西南山地生物多样性数据精细化、评估定量化的动态监测（Kuai et al.，2024）。

3. 物种濒危机制是什么？如何有效保护？

物种濒危机制的研究是保护生物学的核心问题（魏辅文等，2021a）。西南山地生态环境复杂、区域特有物种丰富，但特有物种大都分布狭窄、种群量小。例如，高山冰缘带由于受"天空岛效应"影响，形成"一个山头"一个物种或一个特有遗传结构的种群，全球变化极易造成这些物种的种群下降或灭绝（Love et al., 2023）。另外，西南山地河谷保留有许多特有物种，其中许多是古地中海残遗的古老类群，这些类群分布狭窄，种群数量大都较小，本身就是濒危类群；除气候和环境的变化以及水电工程等对其生存的影响外，自身的遗传基础是否与濒危有关，也是需要深入研究的问题（Zhang et al., 2021）。许多特有物种都有适应生境的遗传基础，这些遗传基础往往是决定物种是否会因环境变化而发生种群自然衰退的关键因素。因此，应利用现代基因组学、繁殖生态学等技术对特殊生境的特有物种或极小种群物种进行研究，揭示其生存繁衍的关键机制和导致濒危的遗传机制，进而制定出科学有效的保护策略（如就地保护、迁地保护和近地保护或种子保藏等），实现濒危或极小种群物种的有效保护。

4. 外来物种入侵途径是什么？如何影响生态系统？如何有效防控？

外来物种入侵对生态安全屏障具有重要的影响，因此应控制外来物种，揭示其对生态系统结构及功能的影响；对外来物种的基础生物学进行研究，弄清其入侵的途径及其与乡土物种的竞争关系，评估外来入侵物种对生态系统产生的影响以及未来的趋势，解析其入侵的遗传机制等是有效控制外来物种的重要基础，应研究防控的技术（如生物防控、生态防控、化学防控、物理防控的机理），提高区域生态安全的防控预警水平（李惠茹等，2022；肖俞等，2023b）。同时，应研究外来物种的综合利用，变害为宝，进而做到有效防控。

（三）基础性科技问题

1. 构建云贵川渝生物多样性网格化智能调查、监测和预警平台体系

云贵川渝生物多样性极为丰富，但相关调查还相对薄弱。例如，根据《云南新物种新记录种名录（1992—2020）》，云南省境内发现3718个新种。此外，长期以来野外调查数据和信息缺乏有效的整合和标准化方法，精准度不够，难以深度挖掘和研究。亟须建立"云贵川渝生物多样性调查数据采集系统"和"可视化网格体系"，组织中国科学院和高校相关单位专业队伍，对各个网格开展全覆盖精准调查、规范智能化数据采集和种质材料收集保存，及时掌握区域生物多样性本底的现状和未来变化趋势，提升区域生物多样性大数据的能力。

2. 布局和建设新的生物多样性野外观测台站

中国西南山地受东南、西南季风的影响，位于2个季风交汇的区域，热带、亚热带、温带和寒温带生物区系交汇混杂，这是中国独有的生物地理区域，也是研究和监测生物多样性变化理想的区域。现有的监测台站将工作主要集中在生态监测方面，当前的生物多样性监测的台站还不能完全满足研究生物多样性变化和监测的需求，需要布局新的野外台站，特别是边境地区如高黎贡山或独龙江，以及特殊生境如高山冰缘带、干暖河谷、喀斯特等生物多样性监测台站，以保障对西部生态安全屏障的支撑。

3. 稳定生物多样性调查和分类学研究人才，培养信息化专业人才队伍

近年来，能从事生物多样性调查和分类学研究的人才越来越少，尤其是青年科技人才，甚至有些类群已经没有人开展研究了，出现"濒危"的情况。一方面，需加强对植物分类学人才培养的支持力度和政策引导，在项目布局上给予倾斜；另一方面，数据库信息化工作是西部生态安全的重要的数据支撑体系，而既懂业务又懂计算机数据技术的人才十分稀缺，迫切需要重点关注和培养这类人才，并稳定一支从事生物多样性大数据分析和人工智能的专业人才队伍。

4. 大力加强生物多样性科普工作

通过科技活动周、科学大讲坛、科普讲解大赛、科技下乡等科普活动，组织开展以生态环保为重点内容的科普宣传。以科普教育基地为载体，进行形式多样的科普活动和宣传。

二、组织实施路径

1. 在战略性科技重大问题方面

在科学目标上，要面向国际科技前沿，放眼全球；在实施方案上，要综合多学科、多维度并利用和融入现代的新理论、新技术和新方法，需要有中长期规划，分阶段、分目标地攻关和解决重大的科学问题；在组织模式上需要布局重大研究计划，立足西部生物多样性的研究机构如中国科学院昆明植物研究所、中国科学院昆明动物研究所、中国科学院西双版纳热带植物园、中国科学院成都生物研究所、中国科学院西北高原生物研究所等，联合中国科学院其他生物多样性研究的重要机构，包括中国科学院植物研究所、中国科学院动物研究所、中国科学院微生物研究所、中国科学院武汉植物园、中国科学院华南植物园以及大学和地方的研究力量。

2. 在关键科技问题方面

国家层面上布局了一些重大项目如"第二次青藏高原综合科学考察研究"、国家重点研发计划；中国科学院围绕西南布局了战略性先导科技专项A、B、C类等项目，在此基础上，云南省有针对性地布局了系列"西南山地生物多样性和生态安全屏障"的重大研究计划或项目，通过项目的实施来凝聚西部和院内从事生物多样性和生态学研究的优势力量，形成合力联合攻关，解决西部生物多样性战略科技重大科学理论问题和关键技术问题。

3. 在基础性科技问题方面

以具体的西部各研究所为单元或主体，根据各所的方向定位、所处的地域、研究积累、科研平台、研究特色以及研究队伍状况等，规划新建和提升科技基础设施（实验室、植物园、研究平台、保藏库、标本馆等）的能力；形成与其他研究所优势互补的基础设施体系。抓住重点实验室重组的机会，围绕西部生物多样性和生态安全的需求，布局新的研究平台和观测台站等基础设施。

第四节　云贵川渝生物多样性保护战略保障

一、加强体制机制保障的政策建议和措施方面

1. 改革科研组织模式

改革原有的单一的主要研究者（principal investigator，PI）制和"学科+目标"的科研活动模式向科研团队制和任务攻关的"任务+目标"的转变，发挥多学科交叉优势，形成有机整合、任务和分工明确的矩阵式科研模式。

2. 改革评估体系

改革以"四唯"为主的评估体系，实行分类评估、综合评估（如定量+定性）等。

3. 加大人才培养力度

引进与培养并举，营造适合各类人才成长的空间，保障和稳定支持

一定规模的基础支撑学科（如分类学、区系学）的人才队伍，重点培养既精通学科业务又有跨学科交叉合作能力的人才。

4. 构建合作交流的新模式

加强研究所间、研究团队间的联合攻关合作，通过项目布局和攻关，发挥其各自优势，形成互补，探索成果共享的新机制和出台相关政策，保障各合作方的利益。

二、加强央地合作保障的政策建议和措施方面

（1）加强同地方政府和科研机构合作交流，以地方经济发展和需求为导向，形成科学院—分院—研究所不同层面的合作交流机制，同时，在观念上要变被动为主动。

（2）积极融入地方科技创新发展规划的编制，承担地方科技任务，解决地方或区域生物多样性保护、生物资源可持续利用及产业经济发展面临的科技问题。

（3）充分发挥中国科学院智库的作用，为地方经济和社会发展提供高质量咨询报告和建议。

（4）科研成果转移转化过程中要优先保障研究所属地区域的利益，充分体现中国科学院为地方的服务和贡献提供的支持。

三、加强科研投入保障的政策建议和措施方面

（1）加强科学院与云贵川渝地区经费投入联动，构建多元化投入机制，加大云贵川渝地区科技创新投入。

（2）扩大科研经费使用自主权政策，保障经费及时到位，经费预算实事求是，将有限经费应用于有限目标，杜绝浮夸和与科研任务方向不

符的成果凑数。

四、加强平台建设保障的政策建议和措施方面

（1）加强科研平台、仪器设备特色优化整合，优势互补，避免重复建设、低效率使用。

（2）出台系列政策，提升支撑和管理人员工作的积极性，解决支撑和管理人员后备队伍不足等问题。

五、加强数据协同保障的政策建议和措施方面

（1）建立数据共享机制，保障提供数据、维护数据、使用数据者的权益，并激发其积极性，出台特殊的评估政策和制度，以提升数据库的质量和使用效率。

（2）加强对数据保障体系的投入，提升数据库的质量，建立跨学科、跨领域、跨部门间的综合数据库以及数据、成果共享机制。

六、加强人才资源保障的政策建议和措施方面

（1）完善对青年科技人才稳定支持与高端科技人才引导支持相结合的机制。加强科研人才与管理、支撑人才的培养和引进。建立以使命需求为导向的人才发现机制，鼓励和支持青年科技人才承担重大科研任务和使命。

（2）加大对西部人才培养和引进的力度，特别是提高人才专项支持，强化人才–项目–平台的衔接协同，分类分层和多形式精准吸引、培养、激励和留住人才。

（3）在事业编制上给予西部研究所政策倾斜支持，随着学科的拓展和科研任务的增加，西部研究所编制的限制已成为制约研究所科研发展和人才引进的重要因素，建议相关部门统筹考虑，适当增加西部研究所的编制数量。

七、加强国际合作保障的政策建议和措施方面

（1）通过政府间长效合作机制，健全生物生态保护国际合作体系，特别是推进"一带一路"倡议及跨境生物多样性保护合作联盟建设，完善实验材料交流的绿色通道。

（2）共建科研平台，推动跨境生物多样性保护研究，建立和谐的跨境生物多样性保护的合作关系。加大学术交流和人才培养的投入。

（3）布局国际合作项目，通过项目实施，培养人才，建立合作关系，实现共赢。

第四章
黄土高原生物多样性保护

第一节 黄土高原生物多样性保护战略形势

一、生物多样性领域科技全球发展前沿态势的总体研判

生物多样性是人类社会赖以生存和可持续发展的物质基础，是地球生命系统的重要组成部分，与人类的社会生活息息相关，具有重要的经济、生态和社会价值。数百年来，由于迅猛膨胀的人口及人类活动以及全球气候变化影响，生物多样性急剧下降。自1992年6月于巴西里约热内卢举办的联合国环境与发展大会发起签署《生物多样性公约》以来，尽管全球在保护生物多样性、可持续利用生物资源的战略进程中取得了一定进展，但生物多样性的持续丧失、气候变化、土地退化和荒漠化等相互关联的危机对人类赖以生存和发展的环境构成严重威胁，使生物多样性走上恢复之路是未来的一个决定性挑战。2021年10月13日，联合国《生物多样性公约》第十五次缔约方大会（第一阶段）通过了《昆明宣言》，承诺制定、通过和实施有效的"2020年后全球生物多样性框架"，并确保最迟在2030年使生物多样性走上恢复之路，2050年实现"人与自然和谐共生"愿景。

据不完全统计，有关黄土高原生物多样性保护的研究论文《全新世中期以来黄土高原中部生物多样性研究》于1996年率先发表。随后十年期间，有关黄土高原生物多样性保护的研究处于起步阶段，每年的研究论文发表不超过16篇，在刚开始的五年内发文量每年甚至不超过5篇，2013~2015年三年期间每年发文量16篇，2016年发文量上升到22篇，之后才进入了较快的发展时期。近年来，随着各国对科研投入的持续增

加，SCIE 的收录范围也在不断扩大，收录的论文数量也在逐年增加，相应地，生物多样性保护的相关论文数目增加 1.7 倍多。在此背景下，黄土高原生物多样性保护相关的论文从 2011 年的 8 篇增长到 2021 年的 48 篇，增加了 5 倍。主要的研究热点集中在生态系统、气候、土壤等环境因子变化对物种多样性的影响，以及资源保护、物种丰度、可持续管理、环境修复、土壤微生物、碳固定、农业作物、种群动态、物种遗传多样性、群落结构、种系发生、物种驯化、环境监测等方面。内容涉及生态学、环境科学、植物学、生物多样性保护、遗传学、进化生物学、微生物学、农学、生物化学与分子生物学等多个学科领域。这表明黄土高原生物多样性保护在全球生态系统保护主题中逐渐被重视起来，这对开展更加科学有效的黄土高原生物多样性的相关研究意义重大。

二、生物多样性领域科技支撑黄土高原生态屏障建设的成效与问题

中共中央、国务院高度重视黄土高原区域生态恢复与治理工作。国家先后实施了黄河上中游地区水土保持、三北防护林体系建设工程、天然林资源保护工程、退耕还林（草）工程、小流域综合治理等多项生态工程。2010 年 12 月，国家发展和改革委员会、水利部、农业部、国家林业局等单位联合编制出台了《黄土高原地区综合治理规划大纲（2010—2030 年）》，实施范围包括山西、内蒙古、河南、陕西、甘肃、宁夏、青海共 7 个省份的 341 个县（市），涵盖了整个黄土高原地区。

2020 年 6 月，国家发展和改革委员会、自然资源部联合印发了《全国重要生态系统保护和修复重大工程总体规划（2021—2035 年）》，其中将黄土高原作为重点，并在工程专栏中单列了"黄土高原水土流失综合治理"等重点任务，提出了各重点区域的治理思路。国家林业和草原局

协调自然资源部，将黄土高原生态保护修复和水土流失综合治理等内容纳入治理规划，同步推进治山、治水、治沙，协调国家发展和改革委员会、财政部加大对黄土高原生态建设项目和投资的支持力度。此外，国家发展和改革委员会与中国科学院联合制定《科技助推西部地区转型发展行动计划（2013—2020年）》，对西北黄土高原地区开展荒漠化与沙漠化防治、水土保持与生态修复等工程，聚焦生态建设与环境保护。

此外，国家在黄土高原地区建设了一批重要研究院所和野外监测观测台站，如中国科学院黄土高原地球关键带与地表通量野外观测研究站、黄土高原土壤侵蚀与旱地农业国家重点实验室、陕西黄土高原地球关键带国家野外科学观测研究站、中国科学院地球环境研究所、山西大学黄土高原研究所、中国科学院水利部水土保持研究所、中国科学院西北生态环境资源研究院等，引进和培养了一大批卓有建树的科学家（如中国科学院院士安芷生、傅伯杰、周卫健、邵明安等）和青年杰出人才。

2002年，国家启动黄土高原生态修复试点项目，在黄河上中游7个省份的54个市、294个县/市/旗开展生态修复试点（黄自强，2004）。营造的防风固沙林使沙化土地得到了有效治理，重点治理区的土地沙化情况开始好转，提高了土地抵御自然灾害的能力，改善了人居环境和生产条件，拓宽了人们的生存与发展空间。林业部门调查结果和相关评价资料显示，三北防护林工程前四期工程的实施，使项目区所在省份的防护林体系初具规模，一些重点治理区域的风沙危害和水土流失得到了不同程度的缓解，重点平原农牧区初步实现林网化；封山育林和飞播造林促进了林草植被恢复，使得自然生态状况逐步好转；经济林比重逐年上升，促进了林果业的发展和农民增收。黄土高原治理取得了明显的生态效益，植被覆盖率显著提高，达到65%，水土流失明显减弱，入河黄沙大幅减少（王晶等，2023；金钊，2022）。地处黄土高原腹地的子午岭林区，森林覆盖率高达96.5%，是豹（金钱豹）的乐土，2017年估计这里的豹（金钱豹）种群有 110 只，区域生态环境显著改善（黄陵台等，2018）。

1. 生物多样性领域科技支撑黄土高原生态屏障建设已取得的总体成效

（1）林草植被覆盖率不断提高，防护林体系骨架基本形成：自实施退耕还林（草）政策以来，黄土高原林草植被大幅度增加，生态景观实现了由"黄"到"绿"的转变。植被覆盖率由 1999 年的 31.6% 提高到了 2020 年的 65.0%，其中黄土丘陵沟壑区的植被覆盖率提高得最明显（Su et al.，2021）。2001～2021 年，黄土高原典型草原区覆盖率由 20%～30% 提高到 75%～95%，防风固沙能力显著增强。植被覆盖率的提高使黄土高原 76.2% 的区域涵养水量增加，其中，陕西中北部、山西中北部等地平均每年涵养水量增加 2 毫米以上；黄土高原 95% 的区域土壤保持量呈增加趋势，陕西北部、山西大部、甘肃东部等地土壤保持量平均每年每公顷增加 1 吨以上（叶奕宏等，2021）。

（2）生态系统格局更加稳定：黄土高原地区土地利用结构发生转变，由原来的大量耕地、裸露地转变为植被覆盖更好的林地和草地。这种转变是通过土地利用政策调整、生态补偿等措施实现的，有利于保护土壤、水资源，改善生态环境，增强生态系统的稳定性。2001～2019 年，黄土高原各土地类型面积变化结果显示（图 4-1），黄土高原林地和草地面积都有所增加，分别增加 14 025 平方千米和 7262 平方千米；耕地、灌丛、非植被面积都有所减少，分别减少 18 843 平方千米、1727 平方千米和 717 平方千米，这些转变促进了生态系统的恢复和发展，提高了生态系统的稳定性，退耕还林（草）政策效果显著（吴巧丽等，2023）。

（3）林草生态系统的碳汇功能进一步增强：黄土高原生态系统的年均固碳量从 2000 年的 383.7 克/米^2 增加到 2020 年的 479.9 克/米^2（Wang et al.，2022）。退耕还林工程的实施使得黄土高原的生态系统碳储量增加了约 3.2 亿吨，而且仍具有较大的固碳潜力，黄土高原

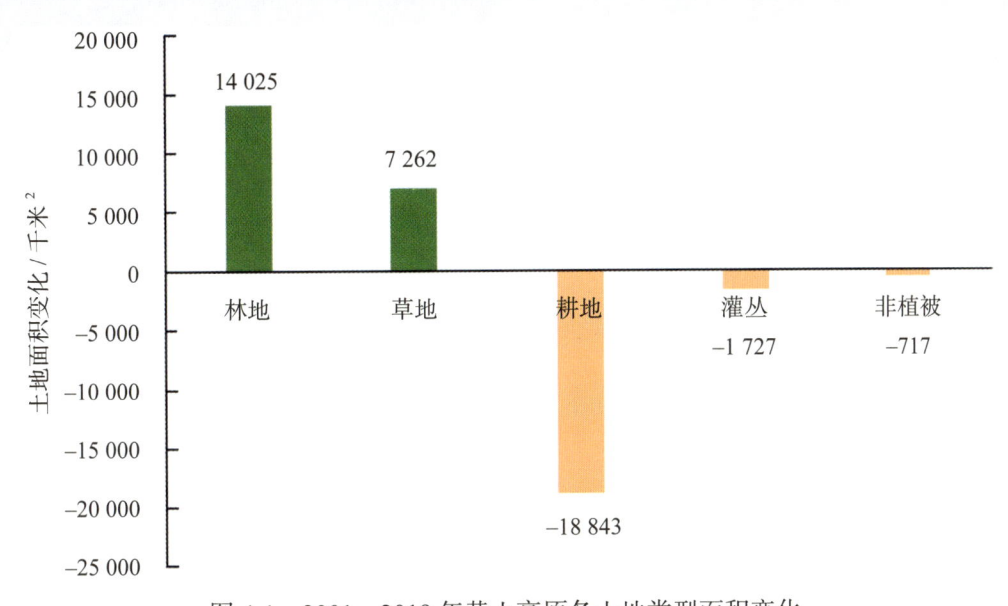

图 4-1　2001～2019 年黄土高原各土地类型面积变化

资料来源：吴巧丽，张鑫阳，蒋捷．2023. 基于 MODIS 和 CLCD 数据的黄土高原土地利用变化检测及其对植被碳吸收模拟的影响．地理与地理信息科学，39(5): 30-38.

生态环境状况呈现"总体改善，局部良性循环"的态势（Deng and Shangguan，2021）。2000～2020 年这 20 年间，黄土高原年均净生态系统生产力（net ecosystem productivity，NEP）值（以 C 计）2001 年最低，为 7.42 克 / 米^2；2018 年最高，为 171.81 克 / 米^2，呈显著增长趋势（周怡婷等，2024）。黄土高原净生态系统生产力显著增加，实现了从碳源向碳汇的转变。

（4）水土流失得到有效治理，入黄泥沙有所减少：通过国家实施的各项重点工程，黄土高原地区水土流失遏制初见成效，尤其是一些重点区域、综合治理的小流域，初步治理程度达到了 70% 以上，有效控制了水土流失。2000 年以来，黄土高原土壤侵蚀强度整体呈现下降趋势，入黄泥沙量由 20 世纪 70 年代中期的 16 亿吨 / 年减至 2020 年的 2 亿吨 / 年，对下游河床淤积抬高起到了缓冲作用（穆兴民等，2020）。退耕还林（草）工程实施之前降水量减少、大型水库拦沙及水土保持措施（林草、梯田、

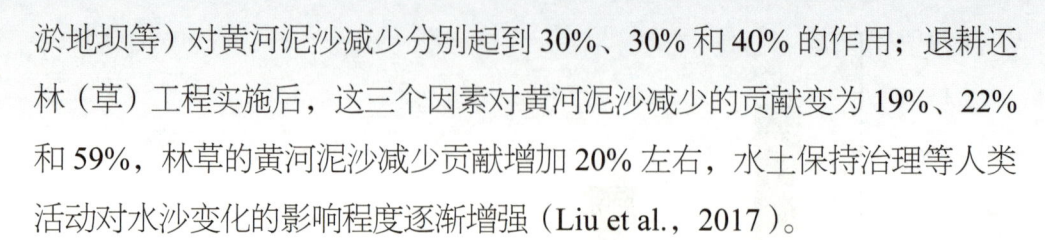

淤地坝等）对黄河泥沙减少分别起到 30%、30% 和 40% 的作用；退耕还林（草）工程实施后，这三个因素对黄河泥沙减少的贡献变为 19%、22% 和 59%，林草的黄河泥沙减少贡献增加 20% 左右，水土保持治理等人类活动对水沙变化的影响程度逐渐增强（Liu et al., 2017）。

（5）农业生产条件、农业产业结构得到提高和调整：实施退耕还林工程取得了较显著的社会和生态效益。黄土高原地区农民垦荒种粮的传统耕作习惯开始转变；钱粮补助为农村调整产业结构提供了过渡性支持，促进了生态环境的改善和农业综合生产能力的提高。保护性耕作措施的开展，有效减少了耕地的地表径流，加快了农业产业结构调整的步伐。旱作节水农业的大力示范推广，较大幅度地提高了旱作农田的粮食单产水平，促进了种植业结构调整。

黄土高原地区通过以兴修水平梯田为主的农田基本建设，引进抗旱、高产和稳产的农作物品种，采取集水保水的工程和作物栽培技术等管理措施，使该地区粮食及经济作物产量不断提升，有效实现了高产高效农业，保障了区域粮食安全。通过加强生态经济林建设，已形成苹果、枸杞、马铃薯、花椒等主导产业区。同时，区域"三生"空间得到优化，农业生产由坡地向宽幅梯田、坝地和川地集中，生活居住逐渐从山坡向城镇集中，促进了农业向机械化和规模化转型，取得了明显的社会、经济和生态效益。

2. 生物多样性领域科技支撑黄土高原生态屏障建设的标志性成效

黄土高原生物多样性不断提高，子午岭国家森林公园的生态功能获得成功。子午岭，位于 107°30′~109°40′E、33°50′~36°50′N，北至榆林市定边县马鞍山，南到咸阳市淳化县嵯峨山。南北绵延 400 多千米，东西宽 60~80 千米。子午岭为陕甘两省的界山，涵盖甘肃的环县、华池、合水、正宁、宁县，以及陕西的定边、吴旗、志丹、富县、黄陵、宜君、印台、耀州、淳化和旬邑等县区，总土地面积达 2.3 万平方千米，其中甘肃境内 1.1 万平方千米、陕西境内 1.2 万平方千米，海拔 1600～1907 米（程楠，2023）。山体沿北北西—南南东向延伸，形成洛河和泾河的分水岭。北接崂山西段，东北部与白于山、崂山相望，南部与渭北高原相连，其北部从甘肃华池以北北西—南南东方向延展至黄陵境内的蚰蜒岭以南分成近乎东西两支，伸入洛河和泾河源地，并构成泾、洛两大水系的分水岭。向南延伸至焦坪附近分为两支。一支伸向东南至宜君、铜川、耀州，构成宜君梁；另一支伸向西南，其南端便是子午岭的最高点旬邑石门山。

子午岭地处东亚季风气候区，位于黄土高原腹地，所以其气候的大陆性特征表现又比较明显。在全新世开始后，由于黄土本身质地疏松，再加上河流与洪水长期侵蚀冲刷和近晚期人类活动的影响，水土流失严重，使黄土高原逐渐解体，出现高原、沟壑、梁峁、河谷、平川、山峦并存的地理风貌。子午岭的林区是黄土高原面积最大、保存最为完整、最具代表性的落叶阔叶天然次生林。主要树种有华山松、辽东栎、山杨、小叶杨、白桦等 200 多种针阔叶乔木树木，侧柏林在山下部及阳坡有少量分布；油松林主要分布于大麦店沟和蒿巴寺沟地区，它们在阴坡、半阴坡呈现不连续的分布格局。山下部及部分阳坡上分布着以马蹄针、黄蔷薇、山杏和胡颓子等为主的灌木林（陕西省地方志编纂委员会，2000）。其动植物资源十分丰富，被誉为黄土高原上的天然物种"基因库"。

国家林业局于 2015 年批准设立了甘肃子午岭国家森林公园，该公园坐落在甘肃省庆阳市境内，由华池、宁县、合水和正宁四大片区组成，属于典型的黄土高原丘陵沟壑地形地貌。2016 年 1 月，来自甘肃省林业厅、兰州大学、西北师范大学、甘肃农业大学、甘肃省旅游局等单位的专家和领导评审通过了《甘肃子午岭国家森林公园总体规划》，以保护黄土高原森林生态系统和生物多样性为根本，以优越的自然条件为基底，

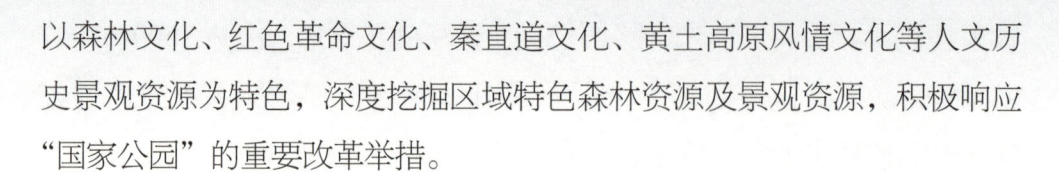

以森林文化、红色革命文化、秦直道文化、黄土高原风情文化等人文历史景观资源为特色，深度挖掘区域特色森林资源及景观资源，积极响应"国家公园"的重要改革举措。

子午岭国家森林公园的设立是为了保护黄土高原天然次生林森林生态系统及野生动植物资源，其被称为黄土高原上的"绿色明珠"。子午岭共有种子植物 689 种（含种及种下单位），隶属于 94 科 361 属。其中裸子植物 3 科 8 属 11 种、被子植物 91 科 353 属 678 种（不含栽培种），其中，双子叶植物 79 科 292 属 559 种，占绝对优势；单子叶植物 12 科 61 属 119 种（张希彪和上官周平，2005）。此外，子午岭自然保护区有藓类植物 15 科 41 属 94 种和蕨类植物 6 种（王向川等，2014）[图 4-2（a）]。子午岭自然保护区还有国家珍稀植物，如胡桃楸、杜松、陕西鹅耳枥、甘草、白皮松（图 4-3）等，黄土高原特有种的植物有文冠果、黄蔷薇等。通过对子午岭动物资源进行的长期调查研究，陇东学院生命科学与技术学院师生共记录脊椎动物 284 种，其中兽类 36 种、鸟类 205 种、爬行类 16 种、两栖类 4 种、鱼类 23 种，并记录昆虫和其他无脊椎动物约 1370 多种[图 4-2（b）]（贾生平等，2021）。共记录豺（*Cuon alpinus*）、金钱豹（*Panthera pardus*）、褐马鸡（*Crossoptilon mantchuricum*）（图 4-4）、金雕（*Aquila chrysaetos*）、大鸨（*Otis tarda*）、黑鹳（*Ciconia nigra*）等国家一级重点保护野生动物 11 种，石貂（*Martes foina*）、欧亚水獭（*Lutra lutra*）、灰林鸮（*Strix aluco*）、红隼（*Falco tinnunculus*）等国家二级重点保护野生动物 40 种（程楠，2023）。

为掌握该地区生物多样性数据并及时更新，不仅需要通过普查调研，还需要通过野外红外抓拍相机进行生物多样性监测。北京师范大学在 60 万亩的子午岭自然保护区安装了 50 台红外线热感相机，先后采集了数万次动物视频数据（舒隆焕，2018）。延安市子午岭国家级自然保护区管理局与北京师范大学联合成立调查组，开展了豹（金钱豹）等野生动物调

(a) 陆生植物　　　　　　　　　　　(b) 脊椎动物

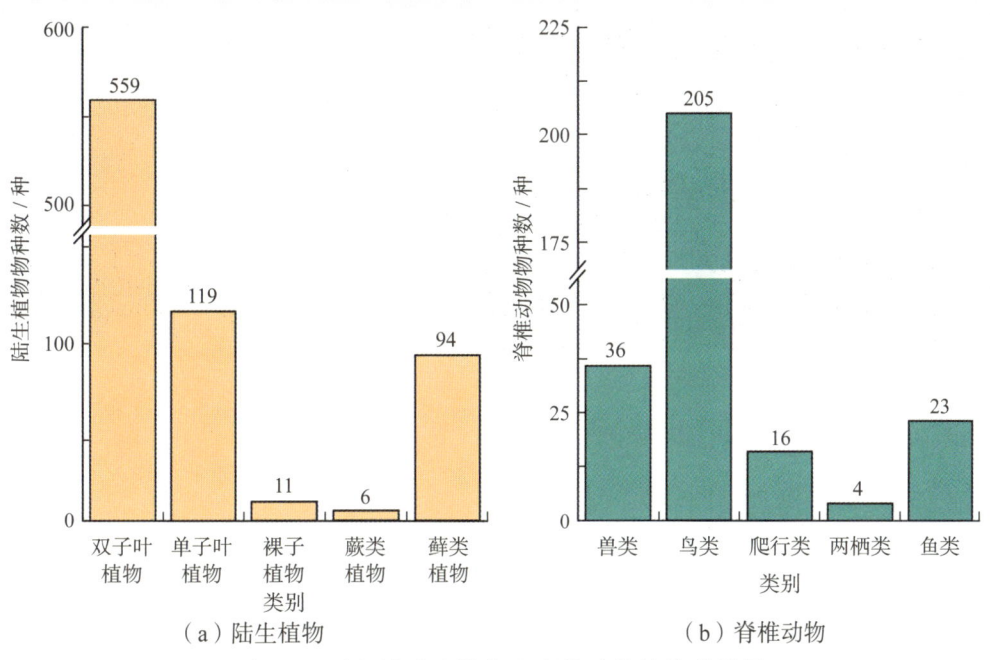

图 4-2　子午岭陆生植物和脊椎动物的物种数量

(a) 甘草　　　　　　　　　　　(b) 白皮松

图 4-3　甘草和白皮松（由李忠虎提供）

(a) 金钱豹　　　　　　　　　　(b) 褐马鸡

图 4-4　金钱豹和褐马鸡（由李忠虎提供）

查和生物多样性监测工作。保护区科研数据库的及时更新，不仅为掌握和研究野生动物种群分布、数量提供了基础数据，而且为科研监测工作提供了强有力的数据支撑。

随着我国生态文明建设步伐的持续推进和生物多样性保护重大工程的持续实施，在国家公园试点过程中，通过搭建政府主导、社会参与的生态保护平台，能有效把生态保护与地方经济发展有机结合起来，加快园区内生产生活方式转变和经济结构转型，重构生态保护与经济社会发展的关系，助力我国生物多样性保护事业发展和美丽中国建设。

3. 生物多样性领域科技支撑黄土高原生态屏障建设尚存在的主要问题

（1）黄土高原物种保护繁育依托体系较为薄弱。一般来说，植物园是活体植物保护的主要依托平台。由于黄土高原处于西北干旱半干旱区，其植物多样性与其他地区相比，丰富度较低。黄土高原植物园中迁地或近地保护点数量较少，物种迁地保护规模不大，西安植物园收集保存植物 3400 余种，保存国家重点保护的珍稀濒危植物 70 余种（据 2024 年所查的西安植物园官网）。植物保护点数量少、物种迁地保护规模不大与我国在植物资源的保护与收集方面起步较晚有关。植物迁地保护依然存在许多现实问题，如植物园布局整体功能设计和协调性不高，部分区域植物迁地保护还未覆盖，如太原植物园、兰州植物园等还未形成较完善的迁地保护规划与措施。此外，于2006年批准建立的秦岭国家植物园，地理位置主要处于陕西黄土高原南部的秦岭北麓地区，缺乏对黄土高原北部地区物种的迁地保护。

中共中央办公厅、国务院办公厅印发《关于进一步加强生物多样性保护的意见》，提出了优化建设动植物园等各级各类抢救性迁地保护设施，填补了重要区域和重要物种保护空缺，完善了生物资源迁地保存繁育体系。此外，在物种资源收集保护、繁育等方面，黄土高原显然处在相对落后的阶段，需要借鉴北京、广州、华南等前沿发展地区在植物园体系建设方面的经验与策略。但是目前整个黄土高原区域如何在成本有限的情况下，运用系统保护规划的方法，识别出优先保护格局及保护空缺，来指导建立自然保护区以及完善相关保护制度，需要识别生物多样性热点区的研究。

（2）黄土高原地区生物多样性需要进一步的系统调查，完善植物志、动物志、植被志等的编研。对黄土高原区域主要的动植物志等书目、名录进行统计，主要有植物志19种、植物名录4项、植物图鉴6项，动物志4种、动物名录6项、真菌志及名录5项（安克丽等，2023）。《黄土高原植物志》仅出版了第一、二、五卷，其余卷一直没有完成，动植物志书仍需进行调查和完善。根据目前可查的资料，截至2017年底，黄土高原共建有国家级自然保护区36个、省级自然保护区97个、县级自然保护区10个（安克丽等，2023）。应进一步大力加强黄土高原地区野生动植物自然保护地的建设与监管，将更大面积的野生动植物重要栖息地纳入严格保护范围，开展重要动植物野生栖息地等生物多样性保护区的状况全面调查、监测和评估，建立相关的名录，并建立专门的野生动植物及栖息地保护数据信息管理系统。同时，对栖息地进行优化整合保护，依据地理地形等特点开展生物多样性的跨区域整体性保护和调查，推动

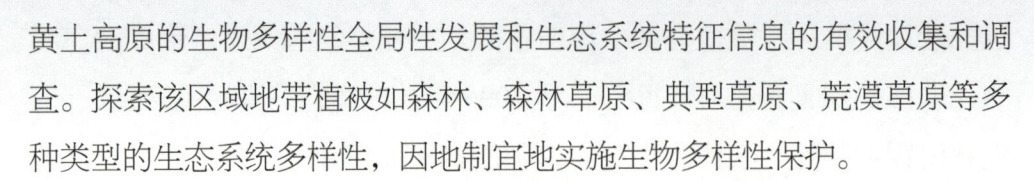

黄土高原的生物多样性全局性发展和生态系统特征信息的有效收集和调查。探索该区域地带植被如森林、森林草原、典型草原、荒漠草原等多种类型的生态系统多样性，因地制宜地实施生物多样性保护。

（3）黄土高原生物多样性的形成与演化历史研究较少且基础薄弱。针对整个黄土高原地区总体生物多样性格局和演化历史的研究缺乏，需要在全面采样和现代基因组学大数据的支撑下进行广泛且深入的系统性研究。已有研究地区主要局限于秦岭北麓以及黄土高原的部分地区，如山西、宁夏、甘肃等，而没有以黄土高原作为一个整体开展系统性研究。在生物多样性的形成机理研究方面缺乏系统性，大多以单一类群（属级）或物种为研究对象，而缺乏科级类群的系统性研究。此外，已有研究之间的联动性不足；研究数据零散不齐。

（4）黄土高原地区研究平台和人才队伍建设相对薄弱。从事生物多样性研究相关的单位主要为高校和科研机构，但这些单位缺乏长期的资金支持及系统规范的生物多样性数据库建设；相关数据的发布、共享机制和平台等严重缺乏。黄土高原地区的野生动植物资源标本有一定采集和收藏，但采集的数量、种类和质量良莠不齐，能供研究的标本有限，物种分类和鉴定的准确性有待进一步提高。此外，野外台站的搭建和扩充不够，研究深度不足。

三、生物多样性领域科技支撑我国黄土高原生态屏障建设的新使命新要求

1. 新阶段黄土高原生态屏障建设对生物多样性领域科技的重大需求

（1）基础研究：黄土高原地区生物多样性研究的薄弱和空白化区域比例较高，生物资源本底不清。需要加强黄土高原地区大规模的生物多样性调查、监测及评估工作，积极推进黄土高原生态监测体系建设。

（2）经济维度：国家在黄土高原地区实施了黄河中上游水土保持、三北防护林体系建设、天然林资源保护、退耕还林、退牧还草等一系列大型生态建设工程，虽然取得了一定成效，但远未从根本上解决当地农业与农村经济发展滞后，以及农民的生存、生活和发展问题，陡坡开垦、陡坡种植、过牧滥伐等现象也未得到根治。

（3）社会维度：黄土高原地区是社会主义新农村建设的重点和难点地区之一。黄土高原地区的生态综合治理是当地社会主义新农村建设的重要措施。应该实施多层次的生物多样性保护体系。黄土高原地区保护地体系建设需关注黄土高原地区当地生态系统的原真性和完整性，且不应局限于具体的行政区划。对一些重点生态功能区（优先保护区、热点区、物种重要分布区等）的保护需要理论和政策同步实施，依靠科学的生物多样性统计数据作为支撑。

（4）生态维度：随着我国中西部地区开发建设的加快，黄土高原地区煤炭、石油、天然气等资源大规模集中开发，对生态环境的压力越来越大。应该建立健全黄土高原地区相关生物多样性法律法规和监督管理体系，形成强有力的执法手段，解决资源开发与生物多样性和生态保护的矛盾。同时，大力开展多层次保护体系建设，包括基层生态管护员和常住居民的保护和监测培训，建设青少年的自然教育体系。

2. 新阶段生物多样性领域科技支撑黄土高原生态屏障建设的新使命

党的十八大以来，国家以前所未有的力度狠抓生态文明建设。在黄土高原生态屏障建设和保护上，必须坚持"绿水青山就是金山银山"的理念，坚持山水林田湖草沙一体化保护和系统综合治理。坚决筑牢国家西部生态安全屏障，扎实推进生态项目建设；加强黄河上下游、流域各省工作联动，严格落实功能区划布局，促进经济社会发展全面绿色转型，深入打好污染防治攻坚战，有效防范和化解生态环境风险。全力打造国家自然保护区及国家公园示范建设新高地。打造人与自然生命共同体新高地，携手共建和谐共生的美好家园。

3. 新阶段中国科学院生物多样性领域科技支撑在黄土高原生态屏障建设中发挥的重要作用

目前，中国科学院在黄土高原地区建设了一些重要的研究院所和野外台站，如中国科学院黄土高原地球关键带与地表通量野外观测研究站、黄土高原土壤侵蚀与旱地农业国家重点实验室、中国科学院地球环境研究所、中国科学院水利部水土保持研究所、中国科学院西北生态环境资源研究院等。在研究黄土高原土壤侵蚀及旱地农业、植被恢复与环境调控、区域水土保持等重大科学理论与技术问题等方面发挥了重要作用。同时，以黄土－粉尘－气溶胶为纽带，开展黄土高原地区环境变化的过程、规律、机制、趋势与可持续性研究，面向世界科技前沿，为国际地球系统科学发展作出了重要贡献。

以西北干旱高寒的特殊生态、环境、资源为主攻方向，为西北地区生态环境修复、资源勘探利用、重大工程建设和社会经济可持续发展的决策和实施提供科学依据；紧密结合国家西北地区可持续发展的迫切需求，充分发挥科技优势，研发西部地区生态环境资源与社会经济可持续发展相结合的关键技术和优化模式，通过对其大范围推广以获得巨大的社会、生态和经济效益。

生物多样性数据平台方面，中国科学院建有与生物多样性相关的国家基因组科学数据中心、国家生态科学数据中心等7个国家级数据中心，以及植物科学数据中心、海洋科学数据中心和地球科学大数据与人工智能中心等3个院级数据中心（冯丽妃，2021b）。此外，生物多样性与生态安全数据平台、植物主题数据库、动物主题数据库等整合了海量可供分享的生物和生态数据。

生物多样性研究等方面，近年来中国科学院在生物多样性保护等相关领域发表多项高水平成果，包括干旱驱动的生物多样性——土壤多功能关系的转变、生物土壤结皮形成机理、生态作用及在防沙治沙中的应用等。城市与区域生态国家重点实验室傅伯杰研究组在黄土高原社会–生态系统演变研究中取得新进展，发展出根据社会–生态系统要素相互作用变化识别系统演变阶段的方法，揭示近千年来黄土高原社会–生态系统的演变阶段及效应。

第二节 黄土高原生物多样性保护战略体系

一、生物多样性领域科技支撑黄土高原生态屏障建设的总体思路

我国地处亚欧大陆东部，地貌和气候复杂多样，孕育了丰富而独特的生物多样性。我国自加入《生物多样性公约》以来，积极采取了一系列卓有成效的行动和举措（杨明等，2021）。党的十八大以来，中共中央提出"绿色发展""人与自然和谐共生""绿水青山就是金山银山"、"山水林田湖草沙是生命共同体"等生态文明建设理念，为生物多样性保护提供了根本遵循，指明了发展方向，并将生态安全屏障保护修复作为生态文明高地建设的重要任务。

我国西部地区生态环境相对脆弱，保护好西部地区生态对构筑国家生态安全屏障以及保障中华民族可持续发展和长治久安具有不可估量的战略意义（柯讯，2021）。黄土高原地区由于气候变迁和自然环境本身的因素影响，是我国西北部生态环境最为脆弱的地区之一，也是我国乃至全世界水土流失最为严重的地区之一，加上近年来人为活动的严重破坏，导致该地区人民生活水平长期得不到提高和发展。生态环境的脆弱性源于多方面因素，包括自然环境和人为活动的影响。自然环境方面，长期

以来，黄土高原地区的气候条件并不稳定，降水量不足，加上地形起伏，易发生水土流失和土壤侵蚀；而人类的过度开垦、滥伐滥砍、过度放牧等活动更是加剧了这一问题。因此，黄土高原的生物多样性保护及生态屏障建设一直是我国生态文明建设的一项重要任务。

二、生物多样性领域科技支撑黄土高原生态屏障建设的三层次方向布局

1. 战略性科技方向

战略性科技方向聚焦在生物多样性及生态环境保护。以《中国生物多样性保护战略与行动计划（2023—2030年）》为指导，规划了国家中长期生物多样性保护的目标、战略任务和优先行动。同时，多个省政府也制定了生物多样性保护条例、自然保护区管理条例等地方性法律法规（秦天宝和刘斯羽，2022）。在黄土高原地区的生态保护与修复过程中，我国注重发挥科技的引领作用。通过运用遥感技术、地理信息系统（geographical information system，GIS）技术等先进手段，对黄土高原地区的生态环境进行实时监测和评估，为生态保护与修复提供科学依据。同时，加强科技创新和人才培养，推动生态保护与修复技术的研发和应用，提高生态保护与修复的效果和可持续性。坚持黄土高原地区保护优先、自然恢复为主的总体指导思想，整合黄土高原生态屏障功能关键区域、生态问题区域、气候变化影响和未来生态风险；系统布局黄土高原生态保护修复工程，提出可操作性强、符合生态学规律的治理和保护措施。

2. 关键性科技方向

关键性科技方向聚焦在由我国西部黄土高原地区水土流失以及土地沙漠化带来的我国西部生态屏障建设面临的重大挑战性问题上。需要加强黄土高原地区生物遗传资源保护基础能力的建设，通过收集、保存、研究

黄土高原地区的野生生物遗传资源，建立国家基因库，为生物多样性保护和遗传资源利用提供有力支撑。种质资源是农业和畜牧业发展的基础，建立黄土高原国家种质资源库，有利于保存和利用该地区丰富的种质资源，推动农业和畜牧业的可持续发展。针对黄土高原地区生物多样性受到严重威胁的现状，应积极开展抢救性保护，通过野外调查、采集、繁殖等手段，尽可能多地保存生物遗传资源。加强生物多样性研究，深入了解黄土高原地区生物遗传资源的分布、数量、遗传特性等，为其保护和利用提供科学依据。在保护生物多样性的基础上，积极推动生物资源的可持续利用，通过选育优良品种、开展生物技术研发等方式，促进农业、畜牧业等产业的发展。通过持续合理地利用生物多样性等举措来构建黄土高原生物遗传资源保存体系，建设黄土高原地区乃至大西北的种质资源的保护与育种体系。此外，积极推进黄土高原地区林草种质资源保护，对黄土高原地区的林草种质资源进行全面调查，了解其分布、数量、遗传特性等，为其保护和利用提供基础数据；针对黄土高原地区畜牧业发展的需要，加快良种牧草的扩繁扩育，提高牧草产量和品质，为畜牧业发展提供有力支撑；结合黄土高原地区的生态环境特点，建设适合乡土草种繁育的基地，通过选育、繁殖、推广等手段，提高乡土草种的适应性和竞争力。

3. 基础性科技方向

加强对黄土高原地区现有资料不足的地方生物多样性的综合考察，对相关生态环境资源、植被景观资源等进行科学评价及监测，并建立相关名录。

通过研究珍稀濒危物种分布热点区，为生物多样性保护提供依据（任月恒等，2022）。此外，根据不同的自然地理气候条件、生态系统、植被和生物物种组成等生物气候因子，综合多来源的数据，按照自然地理区域分别进行热点区识别。将野生动植物物种的潜在自然栖息地进行叠加统计，获取黄土高原地区濒危物种丰度空间分布的自然格局情况，将现有国家自然保护区和国家公园的分布情况与物种保护价值空间分布情况叠加统计，分析保护空缺情况，增加热点区识别的实用性。通过叠加分析，我们将获取黄土高原地区珍稀濒危物种丰度空间分布情况，并分析现有国家自然保护区和国家公园的分布情况与物种保护价值空间分布情况的匹配程度。

以建立各种类型的国家级自然保护区、国家公园的方式，对有价值的自然生态系统和野生动植物及其栖息地予以保护和恢复，对极小种群野生动植物进行近地保护，建立国家重点野生动植物基因保存设施，建设野生动植物科研监测体系以及野生动植物基础数据库等。在保护区建设过程中，我们应注重生态系统的完整性和连通性，加强生态廊道建设，扩大野生动植物的生存空间。

开展水土保持和土地综合整治，对生态系统进行保护与修复。实行封山育林育草、退耕还林（草），对煤炭矿区、金属矿区等被破坏的生态地区进行综合治理，对天然林草及原生植被加强保护，修复受损地及退化林，通过人工与自然两方作用力，进一步提高并维持黄土高原地区植被覆盖率，预防水土流失，提高自然生态系统的稳定性。

三、生物多样性领域科技支撑黄土高原生态屏障建设的阶段目标

1. 至2025年的重点突破方向、阶段性目标以及科技支撑能力水平预期成效

至2025年，着重抓好国家重点生态功能区、生态保护红线、重点国家级自然保护地以及秦岭国家植物园等区域的生物多样性保护地空间范围的调整和优化，实现对黄土高原地区生物多样性的有效保护。通过调整和优化，我们将确保这些区域能够充分发挥其生态功能，为野生动植

物提供安全、稳定的栖息地，促进生物多样性的恢复和增长。

进一步展开对黄土高原地区秦岭北麓、六盘山、乔山、贺兰山、吕梁山等生物多样性热点区的生态保护与修复，通过实施生态修复工程、加强植被恢复、建设生态廊道等措施，我们将有效改善这些地区的生态环境质量，为野生动植物提供更好的生存空间，同时，我们还将加强对这些地区生物多样性的监测和研究，为制定更加科学的保护措施提供有力支持；推进黄土高原丘陵沟壑水土保持生态功能区的保护和修复工作，通过实施水土保持工程、加强植被建设、推广节水灌溉等措施，我们将有效减少水土流失，提高土壤质量，改善生态环境。同时，我们还将加强对这一区域生物多样性的保护，促进生态系统的稳定和发展；黄土高原种质资源库初步建成，收集、鉴定、保存和利用黄土高原地区的植物、动物等种质资源；统筹推进黄土高原地区山水林田湖草沙的系统治理，以防沙治沙和荒漠化防治为主攻方向，初步完成沙化土地、退化草原、水土流失的治理和营造林的建设，区域风沙危害得到初步遏制，自然生态系统状况得到提升，水土流失治理得到改善，废弃矿山得到部分修复，使得该地区生态系统稳定性和质量得到提升。

2. 至2035年的重点突破方向、阶段性目标以及科技支撑能力水平预期成效

至2035年，各项重大工程全面实施，黄土高原北方风沙区治理防护工作完成，建成我国北方生态安全屏障。

黄土高原生物多样性热点区林业资源修复建设等工作完成，生物多样性及生态环境稳态提升；通过实施生态修复工程、生态廊道建设和加强植被恢复，这些地区的生物多样性将得到显著提升，生态环境稳态也将得到明显改善；通过实施生态系统保护和修复工程，生态系统质量明显改善，自然生态系统基本实现良性循环，国家生态安全屏障体系基本建成；黄土高原种质资源库建设完成，科研机构将充分利用这些种质资

源展开研究，将科研成果转化为实际应用，推动农业、林业等产业的科技创新和产业升级；完成沙化土地、退化草原、水土流失的治理和营造林的建设，北方防沙带区域风沙危害得到有效遏制，水土流失得到全面治理，同时，通过营造林工程增加森林面积和蓄积量，提高生态系统的稳定性和质量，通过实施土壤修复、植被恢复、景观美化等措施，来显著改善废弃矿山的生态环境质量，恢复其生态功能，废弃矿山得到全面修复，自然生态系统质量和稳定性显著提升。

3. 至 2050 年的重点突破方向、阶段性目标以及科技支撑能力水平预期成效

至 2050 年，在生态系统、物种和基因三个层次完成生物多样性保护，该地区的生态系统将得到全面的恢复和保护，各类物种将得以繁衍生息，基因多样性也将得到充分的保障。黄土高原将成为生物多样性丰富的地区之一，为生态系统的健康和稳定提供坚实的基础。黄土高原生态屏障建设完成，有效防止水土流失、风沙侵袭等自然灾害的发生，保护周边地区的生态环境安全。同时，黄土高原的生态屏障也将成为一道亮丽的风景线，吸引更多的游客前来观光旅游，推动当地经济的发展。特色生态文明体系全面建成，涵盖生态保护、资源利用、经济发展等多个方面，形成一个良性循环的生态系统。在这个体系中，人类活动将与自然环境和谐共生，实现经济、社会和生态的可持续发展。随着生态屏障和特色生态文明体系的全面建成，黄土高原将成为中国西北部的一颗"绿色明珠"，这片曾经贫瘠的土地将焕发出勃勃生机，展现出独特的生态魅力和文化魅力。它将成为中国乃至世界上生态保护和建设的典范之一，为世界提供宝贵的经验和启示。黄土高原的生态环境直接维系黄河的健康运行，通过生态保护和修复措施的实施，黄河的水质将得到显著改善，水量也将得到稳定保障。这将为黄河下游地区的生态安全和经济发展提供有力的支持，对中国乃至世界具有重要意义。实现"生态高值农业"建设，实现农业生物质资源、水土资源和废弃物资源的生态高值化利用；通过推广生态农业技术、优化农业产业结构等措施，实现农业资源的最大化利用和生态环境的保护。这将推动当地农业产业的升级和发展，提高农民收入水平，促进农村经济的繁荣。中国秉持的生态文明理念将为实现人与自然和谐共生的愿景提供动力和支撑。通过黄土高原地区的生态保护和建设工作，中国将向世界展示其在生态屏障建设方面的成功经验和成果。这将为全球生态保护和建设提供有益的借鉴和参考，为全球可持续发展事业作出重要贡献。

第三节　黄土高原生物多样性保护战略任务

一、三层次科技问题

（一）战略性重大科技问题

1. 生态治理问题

谈及生物多样性保护，我们必须认识到，过去的方式往往只是片面地追求生物数量的单一增长指标，而未能全面考虑到生态系统的各个组成部分及其综合性的生态功能。这种做法已经导致保护目标的明显偏移，使得一些关键生态因素被忽视。

以"三北"防护林和退耕还林（草）等大型的生态工程为例，这些项目在早期阶段主要关注的是数量上的快速增长，如林地面积、树木数量等。但这样的片面追求，往往导致在树种的选择、土壤水分的供应等关键因素上缺乏周密的考虑。特别是在干旱或半干旱的生态脆弱区域，如果不加选择地进行大规模的人工造林，很可能会对当地的生态系统和水资源造成长远的威胁,甚至可能破坏原有的生态平衡(甄飞,2023)。

自20世纪80年代以来,我国在黄土高原地区推行了水土流失治理、矿区土地复垦、生态退耕还林(草)、治沟造地整治和坡改梯等一系列重大的生态工程建设(王静等,2024)。这些措施对改善黄土高原的生态环境质量起到了至关重要的作用,使得该地区的生态环境得到了显著的提升(李文华等,2024)。这些成功的实践也为我国全面开展生态保护修复工作积累了丰富的经验。

尽管取得了这些显著的成果,黄土高原的生态系统仍然面临着一些严峻的挑战。其中,局部地区的水资源短缺和流域内地表植被的破坏是两个最为突出的问题。造成这些问题的原因既有自然环境恶劣的因素,也有人类活动的影响。黄土高原地区的气候条件本身就比较干旱和寒冷,年降水量也相对较少。这导致了河流经常出现多处断流的现象,而地下水资源量也在逐年下降(李泽国和郑德凤,2024)。与此同时,随着人类生活和生产活动的不断发展,对水资源的需求也在持续增加。不合理的开采技术手段、化肥和农药的过量使用,以及采煤活动对地下水资源的破坏都使得水资源及水环境的承载压力远远超出了其能够承受的范围(舒方瑜,2022)。再者,黄土高原地区煤矿资源丰富,数十年来,这些煤矿的开采为我国的社会经济发展作出了巨大的贡献。但与此同时,它也对当地及周边的生态环境造成了极大的破坏(常媛媛,2023)。这种破坏体现在多个方面:煤矿过量开采导致出现了大面积的采空区,进而引发地面塌陷、村民房屋损坏等严重的事故灾害;开采活动破坏了原有的地质环境;固体废弃物被露天堆放,严重破坏了地貌景观和土地资源;煤矿开采还引发了地裂缝、地表崩塌、山体滑坡以及泥石流等自然灾害;尾矿物和其他废水废渣的排放,也对水源和土壤造成了严重的污染。

2. 水土流失问题

黄土高原，这一历史悠久的地区，是中华文明的发源地之一。然而，由于其特殊的地质和气候条件，该地区的生态环境显得异常脆弱。近年来，由于全球气候变化的影响，加之人类活动的不断侵扰，如采矿、过度放牧、不合理的土地利用等，黄土高原的水土流失问题愈发严重。尽管在过去的几年里，我们已经取得了一些初步的治理成果，如植被恢复、梯田建设等，但未来的治理之路仍然充满挑战，难度不可小觑。

为了改善这一状况，长期以来，黄土高原地区都在积极开展生态建设，其中，人工生态林的建设尤为突出。据统计，截至2019年，该地区的人工生态林面积已经达到了约7.47万平方千米，这一数字虽然令人振奋，但也带来了一系列新的问题（庞启航等，2022）。具体来说，部分人工林存在林分结构过于单一的情况，这不仅影响了生态系统的稳定性，还可能导致病虫害的暴发。同时，部分地区追求快速绿化效果，导致植株密度过大，生物多样性降低，土壤环境逐渐干旱化。更为严重的是，一些早期种植的人工林已经出现了大面积衰退的迹象，这无疑对植被的稳定性和其生态服务功能的正常发挥构成了威胁（白超等，2023）。针对这些问题，我们必须迅速采取行动，对人工林进行结构改造和功能提升，以确保其长期、稳定和健康地生长。

除此之外，为了更好地了解和保护黄土高原的自然生态环境，对其自然保护地进行效益评估显得尤为重要。这需要我们首先摸索和建立一套切实可行的评估指标体系，同时探索适合的评估方法。在此基础上，我们将重点对国家级自然保护区、国家森林公园等重要保护地进行生态效益和经济效益的综合评估（Chen et al.，2024）。通过这些评估，我们可以更准确地掌握保护地的实际状况，进而提出更为具体和有针对性的保护策略以及调整建议。这不仅有助于保护黄土高原独特而脆弱的生态环境，还能为该地区的可持续发展提供有力的科学依据。

（二）关键性科技问题

气候变化与人类活动的双重夹击，对黄土高原的生物多样性带来了前所未有的挑战。近年来，随着全球气候的变化，黄土高原气温逐年攀升，降水量减少，尤其是极端天气气候事件的频繁出现（如突如其来的大规模强降雨、冰雹等灾害性天气），都预示着这片古老土地的气候正在向暖干化迈进。这样的气候变迁，对原本就脆弱的生态系统中的生物多样性产生了深远的影响。对黄土高原生物物种的本底调查是生物多样性保护和可持续利用的重要前提和基础，所以对黄土高原地区进行大规模的生物多样性调查研究极为重要（吴晓萍，2019）。这种基础性的调研工作，不仅是我们了解该地区生物多样性的第一步，更是制定保护策略和实现可持续利用的关键依据。除了气候变化带来的压力，黄土高原还面临着人类活动带来的巨大挑战。随着人口的持续增长，人们对自然资源的开采和利用也日益加剧。煤田、油田等矿产资源的开采活动，以及不断扩展的道路建设，都在不断地压缩野生生物的生存空间。这些人为因素不仅直接导致了生物物种数量的减少、生物多样性的降低，还严重妨碍了生物物种的自然迁徙路径，使得野生生物的栖息地变得支离破碎（尹倩倩，2023）。更为严重的是，由于缺乏科学的评估和长期的生态监测，黄土高原的生态治理措施以及土地利用方式都显得不够合理。例如，大规模的土豆单一种植、化肥的过度使用等问题，加剧了土壤沙化，降低了土壤肥力，进而影响到整个生态系统的健康。

一个地区种质资源库的建设是未来区域战略发展的核心和重要基础，积极布局黄土高原生物种质资源库的建设极为重要。需要加强黄土高原地区生物遗传资源保护基础能力的建设，推动建立黄土高原地区野生生物遗传资源国家基因库和国家种质资源库。通过抢救生物多样性、研究生物多样性、持续合理地利用生物多样性等举措来构建黄土高原生物遗传资源保存体系，构建黄土高原地区乃至大西北的种质资源的全面保护体系与育种（师尚礼，2023）。此外，积极推进黄土高原地区林草种质资源保护，加快良种牧草的扩繁扩育，建设适合黄土高原地区乡土草种的繁育基地。

区域生物多样性的形成和维持机制研究极为重要，加强对黄土高原地区生物遗传多样性的研究是本地区生物多样性可持续利用的关键。

根据目前可查的权威资料，黄土高原植物种类丰富，该区域有维管植物173科917属3311种（含种下等级），种子植物147科864属3224种（含种下等级），其中裸子植物7科13属41种（含种下等级），被子植物140科851属3183种（含种下等级）。被子植物共包含双子叶植物120科700属2568种（含种下等级）和单子叶植物20科151属615种（含种下等级）（张文辉等，2002）。蕨类植物的数量较少，仅有26科53属87种（含种下等级）(表4-1)（郭晓思等，2005）。此外，种子植物中具有中国特有属32个、黄土高原地区特有属4个、特有种164个（含种下等级）。种子植物区系中共有珍稀濒危植物43科66属78种（含种下等级），其中国家级保护的珍稀濒危植物有27种，占全国所有珍稀濒危保护植物物种数的7.2%，其中的濒危种类有5种、稀有植物42种、渐危植物15种（李登武等，2004）。

表4-1 黄土高原维管植物数量

分类	被子植物	裸子植物	蕨类植物	合计
科	140	7	26	173
属	851	13	53	917
种	3183	41	87	3311

黄土高原野生动物资源较为丰富，仅区域内的庆阳市就有野生脊椎动物169种，隶属于25目66科（王远东，2008）。从微生物多样性上看，共检测到36门84纲187目；对于真菌，共检测到10门28纲48目61

科 69 属（曾全超，2015）。目前，黄土高原特殊环境下的地区动植物基因资源尚未充分开发利用，对黄土高原地区物种适应性机制遗传背景的研究大多还停留在表观层面。

此外，对于物种保护与可持续利用缺乏遗传层面的深度理解。物种的保护不仅仅是单纯地提高物种的数目，提高其遗传的基因多样性以增强整个种群的生存能力更为重要和关键。因此，加强生物物种廊道构建，实施迁徙地保护措施，从而加强不同区域物种的基因交流以避免近交衰退极为重要。

为此，我们需要加强黄土高原地区生物遗传资源保护的基础能力建设，推动建立野生生物遗传资源的国家基因库和种质资源库。通过这些举措，我们可以系统地研究、保护和合理利用黄土高原的生物多样性，进而为整个大西北地区的种质资源保护与育种工作奠定坚实的基础。

同时，为了恢复和提升黄土高原的生态系统功能，我们还应该积极推进林草种质资源的保护工作，加快良种牧草的繁育和推广，建设适合当地乡土草种的繁育基地。这样不仅可以增强黄土高原的生态稳定性，还可以为当地居民提供更为可持续的生计方式，从而实现人与自然的和谐共生。

（三）基础性科学问题

（1）针对黄土高原地区特有物种的生活史、种群和遗传结构的保护生物学研究较为薄弱，基础资料仍然较为缺乏。应开展黄土高原地区生物多样性的进一步调查，完善相关动植物志书。通过生物多样性调查，可获得更准确的生物多样性数据，为后续的保护工作提供科学依据；同时，完善相关动植物志也是一项重要任务，动植物志书不仅是科学研究的重要参考资料，也是公众了解和认识黄土高原生物多样性的重要途径。此外，应加强自然保护地的建设与监管。黄土高原地区生物多样性格局的形成与演化历史反映了该地区地质历史和气候环境变迁过程。一般来说，一个区域内物种多样性演化历史的研究可以辅助设立物种遗传保护单元，鉴定生物多样性热点区，可为物种保护策略的制定提供理论依据（董雪蕊，2020）。目前，黄土高原地区的部分物种进行了遗传多样性模式和时空演变特征的研究，但缺乏覆盖整个黄土高原地区大范围的生物多样性格局成因研究，相关研究多以单一类群（属级）或物种为研究对象，而缺乏科级类群的系统性研究。

（2）研究平台建设相对薄弱。目前，黄土高原地区油井和矿山开采、道路建设、农田、城镇等经济建设活动频繁，对当地生物种群和生物栖息地环境产生了巨大影响。然而关于这些人类经济活动对黄土高原地区动植物的分布、隔离、迁移等的影响，缺乏系统的动态监测工作。目前只是在一些自然保护区内有个别物种的种群动态监测工作，但大规模特征性的监测数据缺乏。对黄土高原珍稀物种的种群连续动态变化认识也较为缺乏，不能完全有效反映黄土高原生物多样性变化规律以及发展趋势。此外，黄土高原地区生物多样性资源数据收集和管理工作仅限于某些特定的单位和机构，缺乏生物多样性信息数据共享平台的建设。

二、组织实施路径

黄土高原是我国西部生态脆弱地带的重要组成部分，其生态系统对维持区域生态平衡和提供生态服务具有不可替代的作用，黄土高原拥有丰富的生物资源，包括许多珍稀濒危物种和独特的生态系统，这些资源的保护和恢复对维护国家生物安全和促进可持续发展具有重要意义。此外，良好的生物多样性状况是构建稳固生态屏障的基础和前提，通过实施生态保护和修复工程等措施来加强生态屏障建设也有助于提升生物多样性水平，因此在未来的发展中应更加注重两者之间的协同配合和相互促进关系。同时，加强黄土高原生物多样性保护也是落实习近平生态文明思想的重要举措，有助于推动生态文明建设进程和实现美丽中国的目标（许周菲，2022）。

习近平新时代中国特色社会主义思想，尤其是习近平生态文明思想在指导黄土高原生物多样性保护方面具有重要地位。习近平总书记强调，"绿水青山就是金山银山，改善生态环境就是发展生产力"[①]。经济发展、生活富裕、生态良好是可持续发展的三大支柱。这些理念为黄土高原生物多样性保护提供了科学的指导和行动纲领。

随着人类活动的不断增加和环境压力的日益增大，黄土高原的生态环境面临着越来越艰巨的挑战。为了保护和管理好这一重要区域的生物多样性资源，必须以习近平新时代中国特色社会主义思想为指导，深入贯彻习近平生态文明思想，加快生物多样性保护法治建设，推进野生动物保护、湿地保护、自然保护地、森林、野生植物保护、生物遗传资源获取与惠益分享等领域法规制度的完善和健全，研究起草生物多样性相关传统知识保护条例，制定完善外来入侵物种名录和管理办法（赵飞，2021）。通过制定和完善相关法律法规和政策措施，明确各方责任和义务，加大违法行为的惩处力度等措施，可以有效地促进黄土高原生物多样性保护的可持续发展。

（一）战略性重大科技问题

加强黄土高原地区物种保护热点区与保护空缺识别研究，继续推进自然保护地建设及野生动植物保护重点工程。在国家公园建设中，开展国家公园勘界立标。根据《全国重要生态系统保护和修复重大工程总

[①] 习近平出席二〇一九年中国北京世界园艺博览会开幕式并发表重要讲话. http://politics.people.com.cn/n1/2019/0429/c1024-31055747.html[2024-05-08].

体规划（2021—2035年）》，利用现代高科技手段和装备，整合提升管护巡护、科研监测、公共教育和支撑能力系统，构建空天地一体化、全覆盖、智慧化的立体保护网络；配套建设布局合理、功能完备、生态友好的基础设施。打通生态廊道，开展重要栖息地恢复和废弃地修复。全面加强国家级自然保护区建设，在重要地段、重要部位设立界桩和标识牌，利用现代高科技手段和装备，完善和提升资源管护、科研监测、自然教育、应急防灾、基础设施等体系（李龙龙，2024）。以自然恢复为主，辅以科学合理的人工措施，开展受损自然生态系统修复，连通生态廊道，促进重要栖息地恢复和废弃地修复。对濒危野生动植物的保护，应加强珍稀濒危物种重要栖息地保护修复，开展就地保护、迁地保护、种质资源保存、人工扩繁、野外回归，促进野外种群复壮。开展古树名木抢救保护工作。建设野生动物救护与繁育基地，以及国家重点保护野生动植物基因保存设施。建立健全野生动植物科研监测、野生动物疫源疫病监测防控体系，建设野生动植物基础数据库（生态环境部等，2022）。全面加强豹、褐马鸡等特色物种和特有物种的栖息地保护，建设缓冲带和生态廊道，扩大野生动植物生存空间。全面保护天然林资源，加强封山育林、森林抚育、退化林和退化草原修复，优化乔灌草复合生态系统结构。通过水资源补给、鸟类栖息地恢复等措施促进湿地和周边植被的生态恢复。

1. 遗传层面

对物种遗传多样性进行就地保护。继续推进设立国家公园、自然保护区、禁猎区等有效的就地保护措施（Fu et al., 2021）。对遗传多样性低下的野生动植物物种或自然种群进行人工生态廊道的建设，促进不同地理群体种群间的基因流动或遗传交换，沟通割裂的自然小群体，最大限度地保持珍稀濒危物种的遗传多样态性及其格局模式，避免小种群的近交衰退，同时增加种群的个体数量。

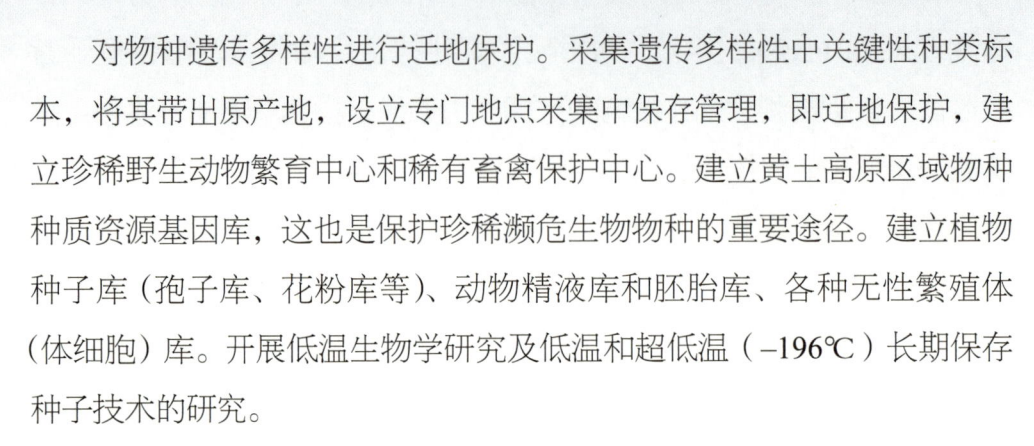

对物种遗传多样性进行迁地保护。采集遗传多样性中关键性种类标本，将其带出原产地，设立专门地点来集中保存管理，即迁地保护，建立珍稀野生动物繁育中心和稀有畜禽保护中心。建立黄土高原区域物种种质资源基因库，这也是保护珍稀濒危生物物种的重要途径。建立植物种子库（孢子库、花粉库等）、动物精液库和胚胎库、各种无性繁殖体（体细胞）库。开展低温生物学研究及低温和超低温（-196℃）长期保存种子技术的研究。

2. 物种层面

完善生物多样性调查监测技术、标准和体系，依托现有监测站点和监测样地（线），构建生态定位站点等监测网络，推进黄土高原区域生物多样性调查与监测，对该区红色旗舰代表物种等进行重点观测和调查保护，对物种种类、分布范围、数量、质量、濒危原因、发展趋势、采取措施等资源现状和应用现状进行系统调查。持续推进农作物和畜禽、水产、林草植物、药用植物、菌种等生物遗传资源和种质资源的调查、编目及数据库建设。

将秦岭北麓、太行山区、子午岭—六盘山、陇中高原—贺兰山等热点区作为开展生物多样性保护工作的重点区域，并结合生物多样性热点区和保护空缺的分布情况（任月恒等，2022），对现有保护地进行优化，对保护价值高的非国家级保护地，可以考虑调整其保护等级，在难以设立保护区的热点区，可通过划入生态保护红线的方式进行保护。

完善生物多样性评估体系。建立健全生物多样性保护恢复成效、生态系统服务功能、物种资源经济价值等评估标准体系。结合区域生态状况调查评估，定期发布生物多样性综合评估报告。对区域大型工程建设、资源开发利用、外来物种入侵、生物技术应用、气候变化、环境污染、自然灾害等对生物多样性的影响进行定期评估，明确评价方式、内容、程序，及时提出有力的应对策略（邓声文等，2014）。

3. 生态系统层面

明确重点生态问题区域，鉴于黄土高原属于我国西部生态脆弱地带，应构建黄河流域生态保护带和生态保护点，加强黄河口岸带的生态系统监测和保护。对秦岭北麓等重点生态功能区的水源涵养等进行重点保护，对以宁夏中部等为主的荒漠化防治区采取网格化防沙固土、适宜树种种植等生态修复措施，在陇东、陕北、晋西北、宁夏南部以黄土高原为主的水土保持区，继续开展生态保护，协调基本农田、林草业、人类社会经济活动与地区生态系统功能和多样性之间的关系，形成生态共治、环境共保、城乡区域协调联动发展。对渭河、汾河等重点河湖水污染防治区，加大生态多样性保护执法和宣传力度，妥善解决经济社会发展与当地生态系统修复和保护的矛盾，促进河湖生态环境的良性发展循环。

继续加强重点区域荒漠化治理，推广毛乌素沙地治沙经验，开展生态治沙模式，持续推进沙漠防护林体系建设，深入实施退耕还林（草）、三北防护林、盐碱地治理等重大工程，开展光伏治沙试点工作，因地制宜地建设乔灌草相结合的防护林体系。

着力减少过度资源开发利用、过度扩建、过度旅游等人为活动对生态系统的影响和破坏。将具有重要生态功能的湿地、森林生态系统纳入生态保护红线管控范围，强化保护和用途管制措施。

加强黄河中游黄土高原水土保持，全面保护天然林，持续巩固退耕还林（草）、退牧还草成果，加大水土流失综合治理力度，改善中游地区生态面貌。以减少入河入库泥沙为重点，积极推进黄土高原塬面保护、小流域综合治理、淤地坝建设、坡耕地综合整治等水土保持重点工程（金江波等，2023）。

从系统工程和全局角度，整体施策、多措并举，全面保护黄土高原水土保持地区山水林田湖草沙生态要素，恢复生物多样性，实现生态良性循环发展（宋振江和吴宝妹，2022）。系统梳理黄土高原湿地分布状况，

对中度及以上退化区域实施封禁保护，恢复退化湿地生态功能和周边植被，遏制沼泽湿地萎缩趋势。完善野生动植物保护和监测网络，扩大并改善物种栖息地，维护好黄土高原地区生态系统多样性。

（二）关键性科技问题

黄土高原水土流失非常严重，其生态系统的受损程度引起了广泛的关注。近年来，随着科技的进步和研究的深入，针对黄土高原受损生态系统的修复工作取得了显著的进展。首先，遥感监测和大数据分析等现代高科技手段为黄土高原的生态系统修复提供了强大的技术支持。通过遥感监测，科研人员能够实时、准确地获取黄土高原地区的生态环境数据，包括植被覆盖、土地利用、水土流失等信息。大数据分析则可以对这些海量数据进行深度挖掘和分析，揭示生态系统的内在规律和变化趋势，为制定科学的修复策略提供有力依据。

现代高科技手段在生物多样性保护中的应用正日益广泛，其中遥感监测和大数据分析等技术发挥了重要作用。这些技术手段不仅提高了生物多样性的保护效率，还显著减少了人为干扰，为黄土高原生态屏障建设提供了有力支持。遥感监测技术利用卫星或无人机搭载的传感器，能够实现对黄土高原地区生态环境的全面、实时监测。通过获取高分辨率的图像和数据，科研人员可以精确识别植被类型、土地利用状况以及动植物的分布和迁徙情况。这为生物多样性的评估、监测和预警提供了及时、准确的信息，有助于发现潜在的保护方面的问题并采取相应的保护措施。大数据分析技术则可以对海量的生态环境数据进行深度挖掘和分析。通过对数据的整合、处理和建模，科研人员可以揭示生物多样性与环境因子之间的复杂关系，预测生态系统的变化趋势，评估不同保护策略的效果。这有助于制定更加科学、合理的保护措施，提高保护效率，减少人为干扰对生态环境的影响。

为了充分利用现代高科技手段在黄土高原生物多样性保护中的优势，并推动黄土高原生态屏障建设的顺利进行，可以从以下几方面入手进行改进。

1. 加强遥感监测技术的应用

提升监测设备的性能：加大对遥感监测设备的研发投入，提高其分辨率和监测精度，以便更准确地识别和分析生物多样性的变化情况。优化监测网络布局：根据黄土高原的地理特征和生物多样性分布，合理布局遥感监测站点，确保监测数据的全面性和代表性。建立实时监测与预警系统：通过实时监测和分析生态环境数据，及时发现并预警潜在的生态风险，为快速响应和有效保护提供决策支持。

2. 深化大数据分析技术的应用

构建生物多样性数据库：整合黄土高原地区的生物多样性数据，建立全面、系统的数据库，为科研和决策提供数据支持。加强数据挖掘与分析：利用大数据分析工具和方法，深入挖掘生物多样性与环境因子之间的关系，揭示其变化规律和趋势。建立模拟预测模型：基于历史数据和实时监测数据，建立生物多样性模拟预测模型，为制定保护策略提供科学依据。

3. 推动跨部门合作与数据共享

建立跨部门协作机制：加强政府、科研机构、高校和企业之间的合作与交流，形成合力共同推进黄土高原生物多样性保护工作。促进数据共享与交换：建立数据共享平台，促进各部门之间数据的流通和交换，打破信息孤岛，提高数据利用效率。

4. 加强人才培养和技术培训

加强人才队伍建设：培养和引进一批具备现代科技手段的生物多样性保护专业人才，提高保护工作的专业性和科学性。开展技术培训与推广：定期开展遥感监测和大数据分析等技术培训，提高保护工作者和技术人员的技能水平，推动先进技术的应用与推广。

5. 制定针对性的保护策略

针对不同物种制定保护策略：根据黄土高原地区不同物种的生态习性和分布特点，制定针对性的保护计划和措施。实施生态修复工程：针对生态环境脆弱区域，实施生态修复工程，恢复其生态功能，提高生物多样性水平。加强执法和监管力度：加大对非法捕猎、采挖等破坏生物多样性行为的打击力度，加强执法和监管，确保保护工作的有效实施。

在技术手段方面，植被恢复是黄土高原生态系统修复的核心内容。北京林业大学水土保持学院科研团队在黄土高原植被恢复领域取得了重要进展，他们通过对黄土高原植被属性和土壤特性的研究，探索了长期植被恢复条件下不同植被恢复措施对生态系统水文过程调控和土壤理化性质的影响；其研究（Feng et al., 2023；Zhang et al., 2023）发现，天然次生林在植被丰富度、生物量、土壤水储量与养分含量等方面均优于人工林，因此，在植被恢复工作中，应尽可能地考虑近自然造林，充分发挥其生态稳定性，优化森林结构和功能，达到森林生态系统自然资源的永续利用。此外，湿地恢复、湖泊修复和草地恢复等也是重要的生态修复措施，它们可以提供生物栖息地和繁殖场所，增加生物多样性，改善水质和植被覆盖，减少土壤侵蚀。

黄土高原生态屏障建设中，生态系统修复是一项至关重要的任务。通过植被恢复、湿地修复、湖泊修复和草地恢复等措施，可以改善黄土高原地区的生态环境，提高土壤保持和水源涵养能力，减少水土流失和自然灾害的发生。同时，这些措施还有助于恢复和保护当地的物种多样性，维护生态系统的完整性和稳定性。为了有效地进行生态系统修复，需要综合考虑多种技术手段和策略，并紧密结合黄土高原的实际情况，确保修复工作的科学性和有效性。

首先，需要明确生态系统修复的目标和原则。生态系统修复旨在恢复黄土高原地区的生态平衡，提高生态系统的稳定性和自我修复能力。在修复过程中，应遵循自然规律，尽可能地减少人为干扰，促进生态系统的自然演替。

其次，要充分利用现代高科技手段进行生态系统修复。遥感监测技术可以用于实时监测黄土高原地区的生态环境变化，为修复工作提供准确的数据支持。大数据分析技术则可以用于挖掘生态系统修复过程中的关键问题和优化方案，提高修复效率。在具体的修复措施方面，可以采取以下策略。

（1）植被恢复：通过植树造林、种草等措施，增加黄土高原地区的植被覆盖度，改善土壤结构，提高土壤保持能力；同时，注重植被的多样性和合理性，避免单一化种植。

（2）水土保持：建设水土保持设施，如拦沙坝、淤地坝等，减少水土流失，保护土壤资源；加强水土流失的监测和预警，及时发现并处理潜在的水土流失风险。

（3）生态农业：推广生态农业技术，优化农业产业结构，减少化肥和农药的使用，降低农业活动对生态环境的负面影响；同时，发展有机农业和循环农业，提高农业资源的利用效率。

（4）生物多样性保护：加大野生动植物的保护力度，建立自然保护区或生态廊道，为野生动植物提供适宜的栖息环境；同时，加强对外来物种的监管和控制，防止其对本地生态系统造成破坏。

再次，在生态系统修复过程中，注重社会经济的可持续发展。通过发展绿色产业、推广清洁能源等方式，实现生态保护和经济发展的双赢。

最后，需要加强生态系统修复的宣传和教育工作。通过举办培训班、研讨会等活动，提高公众对生态系统修复的认识和参与度，形成全社会共同参与的良好氛围。

因此针对关键性科技问题，首先，需要加强遥感监测和大数据分析等技术的研发和应用,提高技术的精度和可靠性,确保数据的准确性和时效性。其次,需要建立跨部门的数据共享和协作机制,促进不同机构之间的合作与交流,形成合力共同推进生态屏障建设。再次,还应加强人才培养和队伍建设,提高科研人员和生态保护工作者的专业素质和技术水平,为生态屏障建设提供有力的人才保障。最后,针对黄土高原地区的特殊生态环境和生物多样性状况,需要制定针对性的保护策略。例如,对于珍稀濒危物种,可以采用智能监测和识别技术,实现对其种群数量和分布情况的实时监测和预警;对于生态环境脆弱区域,可以采用生态修复和重建技术,恢复其生态功能并提高生物多样性水平。总之,现代高科技手段在黄土高原生物多样性保护和生态屏障建设中发挥着重要作用。通过加强技术研发和应用、建立数据共享和协作机制、制定针对性的保护策略等措施,可以进一步提高保护效率、减少人为干扰,为黄土高原地区的可持续发展和生态文明建设贡献力量。

(三) 基础性科技问题

黄土高原因其独特的地理环境和气候条件,长期面临着生态退化的挑战。目前,黄土高原地区生物多样性研究面临许多基础性科技问题,例如缺乏大范围科级类群的系统性研究、基础资料较少、研究平台建设相对薄弱、缺乏生物多样性信息数据共享平台的建设等。为了构建稳固的黄土高原生态屏障,保障区域的可持续发展,须从生物多样性基础理论研究和生物多样性监测与评估技术两方面入手,制定并实施切实可行的组织实施路径方案。

在生物多样性基础理论研究方面,首先要加强基础性、前瞻性的科学研究,通过设立专项研究项目,吸引国内外优秀科研团队,深入挖掘黄土高原生物多样性的内在规律和机制。同时,加强学科交叉融合,推动生态学、遗传学、环境科学等领域的协同发展,形成综合性的研究体系。此外，还需注重人才培养和引进，打造一支高水平的生物多样性研究队伍，为黄土高原生态屏障建设提供有力的科技支撑，具体路径方案如下。

1. 设立专项研究项目

组织专家团队对黄土高原的生物多样性现状进行深入调研，确定研究重点和目标；根据调研结果，制定详细的项目申请书，明确研究内容、方法、预期成果和预算；向国家及地方科技管理部门提交项目申请，并争取获得资金支持。

2. 加强科研队伍建设

在高校和科研机构中设置同生物多样性相关的研究方向和课程，吸引和培养青年人才；定期举办生物多样性研究领域的学术研讨会和交流活动，促进学术合作和知识共享；与国内外知名科研机构建立合作关系，引进先进的研究理念和技术方法。

3. 建立科研合作与交流机制

成立黄土高原生物多样性研究联盟或协作网络，明确合作目标和分工；定期组织召开联盟会议或协作网络研讨会，分享研究进展和成果；推动与其他国家和地区在生物多样性研究方面的合作与交流，引进外部资源和技术支持。

在生物多样性监测与评估技术方面，须构建覆盖黄土高原全区域的生物多样性监测网络。通过优化监测站点布局、更新监测设备和技术手段，实现对黄土高原生物多样性状况的实时监测和动态评估。同时，研发适用于黄土高原的生物多样性评估技术与方法，建立科学、客观的评估指标体系，为生态修复和保护提供决策依据。此外，还应加强监测数据的共享和应用，推动政府部门、科研机构、企业等各方共同参与黄土高原生物多样性保护事业。具体路径方案如下。

（1）构建生物多样性监测网络。根据黄土高原的生物多样性分布特点，制定监测站点布局方案；采购和安装先进的监测设备，包括自动观

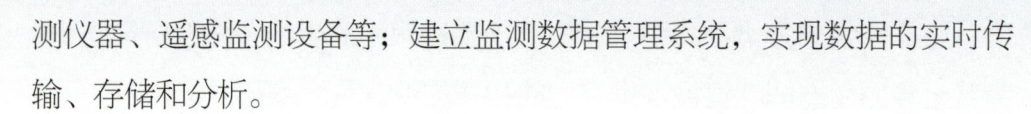

测仪器、遥感监测设备等；建立监测数据管理系统，实现数据的实时传输、存储和分析。

（2）研发生物多样性评估技术与方法。针对黄土高原的生物多样性特点，开展评估技术与方法的研究；建立生物多样性评估指标体系，明确评估标准和程序；开展实地评估示范工作，验证评估技术与方法的可行性和有效性。

（3）加强监测与评估数据的共享与应用。建立监测与评估数据共享平台，实现数据的互通和共享；推动政府部门、科研机构、企业等利用监测与评估数据进行决策和规划；定期发布黄土高原生物多样性监测与评估报告，向社会公众宣传生物多样性保护的重要性和成果。

为确保方案的顺利实施，还需采取以下措施：一是加强政策引导和支持，制定和完善相关政策法规，为生物多样性研究和监测评估工作提供有力保障；二是加大资金投入力度，设立专项资金支持生物多样性研究和监测评估技术的研发与应用；三是加强社会宣传和教育，提高公众对生物多样性保护的认识和参与度，形成全社会共同参与的良好氛围。通过以上方案的实施，逐步构建起黄土高原生物多样性的理论体系和监测评估技术体系，为生态屏障建设提供坚实的科技支撑。相信在全社会的共同努力下，黄土高原的生态环境将得到有效改善，成为美丽中国的绿色屏障。

黄土高原生物多样性保护工作虽已取得一定的成果，但其面对的挑战依然严峻。一方面，要进一步加强法治建设，完善相关法律法规和政策体系，加大执法力度，确保生物多样性保护工作有法可依、有法必依（秦天宝和刘彤彤，2019）。另一方面，要加强科技创新和人才培养，提高生物多样性保护工作的科技含量和专业化水平。通过引进先进技术和设备，提升监测和评估能力；通过培训和教育，提高保护工作人员的专业素质和工作能力。同时，还需注重公众参与和社区共建，广泛动员社会力量参与生物多样性保护。通过开展宣传教育、志愿服务等活动，提高公众对生物多样性保护的认知度和参与度；通过与社区合作，共同推进生态保护项目，实现生态、经济和社会的可持续发展。总之，未来的黄土高原生物多样性保护工作将更加注重法治化、科学化和社会化，努力建设稳固的黄土高原生态屏障，构建人与自然和谐共生的美好家园。

第四节　黄土高原生物多样性保护战略保障

黄土高原地区由于自然环境本身的因素，是自然生态环境非常脆弱的地区，也是水土流失非常严重的地区。黄土高原的生物多样性保护及生态综合治理一直是我国的一项重要任务，受到国家的高度重视（安克丽等，2023）。在国家层面上，我国"十四五"时期的生态文明建设在"绿水青山就是金山银山"和绿色发展理念的引领之下，致力于更大力度的自然生态环境修复、更高标准高质量的生态环境保护治理和更加绿色的经济社会现代化发展（邓蕾等，2024）。《生物多样性公约》第十五次缔约方大会在我国昆明的召开，显示出我国对生态文明建设、共建地球生命共同体的决心与付出。为了进一步推动黄土高原生物多样性研究与保护，在科学研究方面，科研人员为黄土高原生物多样性的保护和研究做了许多的工作，其研究主要集中在植物、食肉目和鸟类。

在科研领域层面，针对黄土高原生物多样性情况，自19世纪初中期，我国科研人员就展开了对其部分区域的调查与研究。但是调查大多停留在分类学层面，具有局部性特征，多以保护区域、小范围的县区、河流区域、一些特定的物种类群等作为调查对象，尤其对该区动物多样性和真菌多样性的调查较为零散，缺少系统的整合调查与编目。而且虽有研究院所及地方高校收藏相关标本及种质资源，但是并没有大规模、体系化的保护开发利用。在近年来，大量的研究院所、高校等组织开展了一系列针对黄土高原地区的研究，涉及生态、植物、动物、地球环境、大气物理等不同领域、不同方向的交叉融合。黄河流域西北地区种质基因库目前已建成种业科技产业园、种质资源应用馆、种质资源保存库、土壤保存库、种质资源博物馆和种子检测中心，形成了集保存、鉴定、评价、选育、推广为一体的种质资源保护开发利用体系（Qin et al.，2024）。

一、加强央地合作保障的政策建议

根据国家先后出台的《中共中央 国务院关于加快推进生态文明建设的意见》《生态文明体制改革总体方案》《关于进一步加强生物多样性保护的意见》等40多项涉及生态文明建设的方案文件，生物多样性保护是生态文明建设的重要内容。国家"十四五"规划纲要对生物多样性保护重大工程进行了系统部署。国家颁布和修订了《中华人民共和国环境保护法》《中华人民共和国野生动物保护法》《中华人民共和国海洋环境保护法》《中华人民共和国生物安全法》《中华人民共和国长江保护法》等30余部相关法律法规，修订调整了《国家重点保护野生动植物名录》，不断夯实生物多样性保护法治基础。加强央-地政府间合作，由中央政府或上一级政府统筹规划，地方政府根据自身特点具体实施，对研究院所、地方高校以及企业进行成果验收及对口援助等工作（周怡婷等，2024）。

鼓励黄土高原地区不同科研机构间的大力合作，共同申请承担重大重点项目和课题，共建研发研究和开发机构，共同培养服务于黄土高原地区发展的高层次人才，对一些重点和关键科研人员可实行"双聘制"。共同强化对生物资源的发掘、整理、检测、筛选和性状与功能评价，构建物种资源DNA分子指纹图谱库、特征库和数据库。

鼓励黄土高原地区不同科研单位与政府企业间的通力合作，可以共建黄土高原科技园，加强技术开发、技术转让、技术咨询、技术服务等，更加注重人才的实用性与实效性，加强教学产－科研学－生产研联合。科学评估企业经营活动的生物多样性影响，努力推动将生物多样性相关信息纳入企业环境信息，以及环境、社会及治理报告等企业可持续发展报告。引导采取可持续的生产模式，推进绿色清洁生产，提高资源利用效率，遵守遗传资源和相关传统知识获取与惠益分享要求，推动建立生物多样性可持续利用及生物多样性友好型企业组织管理流程和认证体系，推动产业链上下游协同治理与企业合作。从黄土高原实际出发，根据市场需求，发展特色产业链，做到提高科研成果转化和提升人民生活水平两不误（杨阳等，2023）。

二、加强科研投入保障的政策建议

随着中央和地方各级政府对科学事业发展资金投入的不断增加，各科研单位科研项目经费已呈现出逐年递增的态势。但是一些问题也日益凸显。需要健全相关科研项目经费管理规章制度，加强科研项目经费管理和控制，保证资金安全，提高资金使用效率。加强对相关横向课题的评估和审查要求。建立健全高校、科研机构和社会其他力量协同创新投入机制。深化高校、科研院所与企业、科技服务机构的协同创新机制。建立高校、科研机构对企业的科技资源开放共享机制（宋建军等，2023）。采取稳定性投入和竞争性投入相结合的方式对基础条件好、方向明确、优势特色突出、与经济社会发展结合紧密的科研院所给予支持，对行业支撑引领作用强、科研项目任务完成质量高、考核评价好的科研院所进行滚动支持。支持科研机构与高校、骨干企业合作，通过新建、共建和科研机构内建或整体转型等方式建立新型研发机构。加快促进"政产学研金服用"创新要素的融合创新，消除科技创新中的"孤岛"现象，打造产业技术创新战略联盟、产业技术研究院和创新创业共同体，打造产业发展战略研究、产业共性关键技术研究和成果产业化的高能级平台。

开展针对黄土高原地区的专项项目研究，鼓励科研单位与企业协助完成。增加生物多样性基础研究工作，并加大经费扶持力度，鼓励更多分类学等基础学科人才的加入，投身西部生态建设。

三、加强平台建设保障的政策建议

黄土高原区域内各研究机构和高校的标本馆藏及鉴定没有统一的标准，有些标本的保存条件不适宜，导致标本有所损坏，又或是没有相关研究，或研究搁置不前。今后需要由政府牵头，科研机构协作建立现代化的标本馆藏中心。

野外台站的建设主要依托于该区的高校及研究机构，如甘肃庆阳草地农业生态系统国家野外科学观测研究站；陕西安塞水土保持综合试验站和中国科学院长武黄土高原农业生态试验站是依托中国科学院教育部水土保持与生态环境研究中心的国家站。今后需要推进新的台站建设，并落实各个数据平台的数据共享与管理等工作。

黄土高原地区重点实验室的建立集中在研究所及高校内。如中国科学院教育部水土保持与生态环境研究中心的黄土高原土壤侵蚀与旱地农业国家重点实验室、西北大学联合陕西省动物研究所建立的陕西省秦岭珍稀濒危动物保育重点实验室等。今后仍需各单位展开领域内合作研究。

黄土高原生物资源较为丰富，构建黄土高原生物遗传资源保存体系，推动黄土高原乃至我国大西北地区的种质资源的保护、育种与利用工作的开展，是黄土高原生物多样性保护、生态系统改善的重要举措（逯金鑫等，2023）。由国家牵头，各科研机构协作建立黄土高原种质资源库，发掘和收集各种农作物、植物品种的种子，科学地对区域中的特色物种进行收集和安全保存、种质资源表型鉴定和评价、基因型鉴定、种质资源创新和利用研究。

四、加强数据协同保障的政策建议

西北地区多数科研机构及高校或多或少地都进行过一些针对黄土高原地区的研究。但是由于缺少政策的扶持、项目资金的支持、统一的管理来将数据输入各省的全国生物多样性监管平台，彼此之间数据及研究结果无法及时共享。因此，应加强全国一体化大数据中心顶层设计：优化数据中心基础设施建设布局，加快实现数据中心集约化、规模化、绿色化发展，形成"数网"体系；加快建立完善云资源接入和一体化调度机制，降低算力使用成本和门槛，形成"数纽"体系；加强跨部门、跨区域、跨层级的数据流通与治理，打造数字供应链，形成"数链"体系（王海燕等，2022）。

生态保护修复、气候变化应对、生物多样性保护、环境污染防治、水资源利用等不同领域，以及地球环境学、植物学、动物学、微生物学、生态学、农学等不同学科之间需要加强交流合作。

五、加强人才资源保障的政策建议

人才资源是经济社会发展的第一资源。黄土高原地区主要依托各省份高校及研究所进行人才培养，如西北农林科技大学水土保持科学与工程学院（水土保持研究所）、山西大学黄土高原研究所、中国科学院西北高原生物研究所、西北大学、宁夏大学、陕西师范大学、西安交通大学、西北工业大学、兰州大学等。为了把人才资源开发放在科技创新最优先的位置，需要改革人才引进、培养、使用等机制。首先，要有计划、有重点地，通过岗位聘用、项目聘用、劳务派遣等方式引进人才，提高人才引进福利及待遇，吸引国内外优秀人才加入。例如，借助我国驻外使领馆的资源和帮助，在亚洲、欧洲建立海外人才联络中心，主动去海外招聘人才。建立人才引进一站式服务平台，用高效特色、全方位的服务解决人才的后顾之忧。其次，要加强专业技术人才的培养，通过担任技改和科研项目负责人、负责专项团队课题攻关等方式，重点培养一批专业化的青年英才。最后，完善考核制度，激励学者开展研究，重视科研创新团队建设，加快形成一支规模宏大、富有创新精神、敢于承担风险的创新型人才队伍。

六、加强国际合作保障的政策建议

黄土高原问题不仅是中国的问题，还受到联合国粮食及农业组织与世界各界的关注。针对黄土高原研究进展，建立部门、地方国际科技合作资源、信息与成果的共享机制，依托国家各类国际科技合作基地和相关合作项目，逐步形成国内外科技资源的综合性国际科技合作信息平台，并设立相关基金，吸引国内外相关领域学者共同探讨。完善充分发掘和利用国际科技资源、集成利用国内其他有关国际科技资源和渠道的机制，明确国际合作评价指标和经费比例，以政策和经费做杠杆来撬动各方的积极性（赵晓娅，2020）。

七、加强全民意识保障的政策建议

充分利用全国生态日、国际生物多样性日、世界野生动植物日、世界湿地日、爱鸟周、保护野生动物宣传月、科技活动周等重要时间节点，持续开展关于我国黄土高原生物多样性领域的教育和科普活动，调动全社会广泛参与，提高全民生物多样性保护意识。创新宣传模式，拓宽参与渠道，完善激励政策，邀请公众在黄土高原生物多样性政策制定、信息公开与公益诉讼中积极参与、建言献策。成立黄土高原重点物种保护联盟，为各方力量搭建沟通协作平台，鼓励企业参与生物多样性领域工作。政府加强引导、企业积极行动、公众广泛参与的行动体系基本形成，全社会生物多样性保护积极性不断提升。

第五章
蒙古高原生物多样性保护

第一节　蒙古高原生物多样性保护战略形势

一、蒙古高原生物多样性保护前沿研究态势

生物多样性是人类赖以生存的条件，是经济社会可持续发展的基础，是生态安全和粮食安全的保障（Cardinale et al.，2012）。随着人类社会活动的加剧，全球生物多样性受到严重破坏（Jaureguiberry et al.，2022）。IPBES 在 2019 年发布的《生物多样性和生态系统服务全球评估报告》显示，绝大多数生态系统和生物多样性指标下降迅速，地球 75% 的土地表面发生重大变化，66% 的海域正受到越来越大的累积影响，85% 的湿地已经消失。该报告同时指出，在估计的 800 万个动植物物种（其中 75% 是昆虫）中，约有 100 万个濒临灭绝，超过 40% 的两栖动物物种、近 33% 的珊瑚和超过三分之一的海洋哺乳动物受到威胁，至少有 680 个脊椎动物物种濒临灭绝（Bongaarts，2019）。过去 50 年里，全球陆地、淡水和海洋中的野生脊椎动物种群数量呈下降趋势，昆虫种群数量也在一些地方有迅速下降的情况（Kazenel et al.，2024；Ghisbain et al.，2024）。例如，2022 年世界自然基金会最新发布的《地球生命力报告 2022》显示，1970 年到 2018 年，世界各地受监测的 5230 个物种的近 3.2 万个野生动物种群的数量平均下降 69%。栖息地丧失、过度开发、外来物种入侵、污染、气候变化和疾病是造成这些物种种群数量下降的主要原因（Murali et al.，2022）。因此，受人类活动威胁而种群数量下降或濒临灭绝的物种比以往任何时候都要多。

尽管自 1992 年《生物多样性公约》签署实施以来，全球生物多样

性保护与资源的可持续利用逐步推进，国际合作不断深化，但生物多样性状况的持续恶化、全球气候变化、土地退化与荒漠化、生物入侵等相关问题依然对人类生存与发展造成严重威胁，生物多样性保护与恢复将成为未来人类必须面对的重大战略问题（Sun et al.，2022；Bellard et al.，2022）。2021年10月13日，联合国《生物多样性公约》第十五次缔约方大会第一阶段会议在我国云南昆明召开，会议通过了《昆明宣言》，承诺确保制定、通过和实施一个有效的"2020年后全球生物多样性框架"，遏制生物多样性丧失的趋势，确保最迟在2030年使生物多样性走上恢复之路，进而全面实现"人与自然和谐共生"的2050年愿景。此次大会明确了国际社会对生物多样性保护的可行方案，需要合力共建地球生命共同体，加强全球生物多样性治理，提升生物多样性与生态系统服务，促进自然生态、生物多样性与人类福祉的良性循环。2022年12月，联合国《生物多样性公约》第十五次缔约方大会第二阶段会议通过了"昆蒙框架"，制定了4个长期目标和23个2030年全球行动目标，并在资源调动、能力建设、信息交换、科技合作等方面制定了实施准则。"昆蒙框架"的落实是新阶段全球生物多样性治理的关注焦点之一（马克平，2023；朱旭和李嘉奇，2023），亟须全球各国密切协同。

内蒙古地处祖国北疆，是我国北方面积最大、种类最全的生态功能区，多样的生态系统孕育了丰富的生物多样性，是我国森林资源相对丰富的省份之一，林地面积、森林面积均居于全国第一位（徐智超等，2021）。蒙古高原作为我国第二大高原，是亚欧大陆上一个相对封闭的内陆生态地理单元，植被以草原、荒漠和森林为主体，土地荒漠化严重（刘纪远等，2007）。内蒙古地区的生态状况，不仅关系全区各族群众的生存和发展，而且关系华北、东北、西北乃至全国的生态安全。习近平总书记强调，"把内蒙古建成我国北方重要生态安全屏障，是立足全国发展大局确立的战略定位"[①]。因此，蒙古高原是我国北方重要的生态安全屏障和祖国北疆安全稳定的屏障，是国家重要能源和战略资源基地、农畜产品生产基地，是打造我国向北开放的重要桥头堡。蒙古高原生物多样性保护与可持续利用将直接影响到全国的生态安全（Li Z J et al., 2021）。

内蒙古不同类群生物多样性的基础工作较为扎实，已经出版了第三版6卷《内蒙古植物志》、6卷《内蒙古动物志》、《内蒙古昆虫志》等重要志书（表5-1），是全国唯一一个拥有第三版植物志的省份。根据第三版《内蒙古植物志》统计，内蒙古拥有野生维管植物144科737属2619种，另有栽培植物1科60属178种。其中，裸子植物有2551种、蕨类植物有68种。此外，根据《内蒙古动物志》统计，内蒙古有陆生脊椎动物29目93科291属613种，其中两栖动物有5科5属8种，爬行动物有7科14属27种，鱼类有19科70属114种，鸟类有61科190属442种，哺乳动物有20科72属136种。其中国家一级重点保护野生动物有26种，国家二级重点保护野生动物有90种，被列入《中国濒危动物红皮书》的有101种。

此外，内蒙古还有许多生物多样性的重点区域。例如，内蒙古大兴安岭林区有脊椎动物439种，其中，国家一级保护动物29种、国家二级保护动物80种；维管植物1888种，其中野生维管植物1766种、栽培植物122种（王莉英等，2024）。内蒙古大青山国家级自然保护区是我国北方最大的森林生态系统类型自然保护区之一，目前保护区内有种子植物908种、苔藓类植物163种、蕨类植物26种、大型真菌335种。动物资源中，有脊椎动物248种。内蒙古被列入《国家重点保护野生植物名录》《内蒙古珍稀濒危植物名录》《内蒙古自治区珍稀林木保护名录》的植物有52种，国家一级保护野生动物有金雕、黑鹳、胡兀鹫；国家二级保护

---

① 习近平参加内蒙古代表团审议. https://www.gov.cn/xinwen/2019-03/05/content_5371037.htm[2024-07-18].

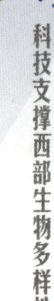

表5-1 内蒙古动植物志一览表

志书	作者	物种数	出版时间	出版社
《内蒙古植物志》第一版，8卷	马毓泉	维管植物131科660属2167种	1977~1985年	内蒙古人民出版社
《内蒙古植物志》第二版，5卷	《内蒙古植物志》编辑委员会	维管植物134科681属2270种及栽培植物70属172种	1989~1998年	内蒙古人民出版社
《内蒙古植物志》第三版，6卷	赵一之、赵利清、曹瑞	维管植物144科737属2619种	2020年	内蒙古人民出版社
《内蒙古苔藓植物志》	白学良	苔藓植物63科184属511种	1997年	内蒙古大学出版社
《内蒙古白粉菌志》	刘铁志	白粉菌10属123种（含变种）	2010年	内蒙古科学技术出版社
《内蒙古维管植物分类及其区系生态地理分布》	赵一之	野生维管植物143科718属2447种28亚种215变种6变型，1栽培科65栽培属160栽培种28栽培变种	2012年	内蒙古大学出版社
《内蒙古灌木树种资源与利用》	温阳、王炜	灌木、半灌木、小半灌木45科109属427种（含变种）	2013年	内蒙古大学出版社
《内蒙古野生花卉》	刘素青、张英杰、姜金安、段半锁	野生花卉80科326属583种（含4亚种24变种）	2015年	中国林业出版社
《内蒙古植物药志》，3卷	朱亚民	植物药161科1198种	1989~2000年	内蒙古人民出版社
《内蒙古饲用植物名录》	富象乾	野生饲用植物52科793种，栽培饲用植物6科42种，有毒植物57种，有害植物14种	1990年	内蒙古人民出版社
《内蒙古大青山主要野生饲用植物资源》	荣光	植物资源114种（禾本科41种，豆科31种，其他科42种）	2018年	中国农业科学技术出版社
《内蒙古大兴安岭大型经济真菌》	余涛、王伟、赵博生、连俊文	大型真菌276种	2005年	东北林业大学出版社
《中国大兴安岭中药植物资源志》	《中国大兴安岭中药植物资源志》编撰委员会	菌类植物、地衣类植物、苔藓植物、蕨类植物及种子植物共135科，900多种植物药	2011年	内蒙古科学技术出版社

续表

志书	作者	物种数	出版时间	出版社
《大兴安岭植物志》，4卷	内蒙古大兴安岭森林调查规划院	维管植物133科633属1888种，野生维管植物129科580属1758种（不含种以下等级及栽培种），栽培植物4科49属123种	2022年	内蒙古人民出版社
《内蒙古呼伦贝尔湿地植被类型与植物区系组成》	阮宏华、方炎明、严靖、钟贵廷	野生维管植物375种	2015年	中国林业出版社
《内蒙古锡林郭勒盟镶黄旗植物资源》	刘德福、王朝品、马庆文	种子植物59科212属402种	1986年	内蒙古农牧学院草原系 内蒙古镶黄旗草原站
《内蒙古阿拉善盟阿拉善左旗植物资源》	王朝品	植物64科237属426种	1986年	内蒙古农牧学院草原系
《贺兰山苔藓植物》	白学良	苔藓植物30科81属204种	2010年	宁夏人民出版社
《贺兰山植物志》	朱宗元、梁存柱、李志刚	维管植物87科357属788种2亚种28变种	2011年	阳光出版社
《贺兰山大型真菌图鉴》	宋刚、孙丽华、王黎元、赵春玲	大型真菌27科66属200种	2011年	阳光出版社
《阿拉善荒漠区种子植物》	燕玲	种子植物86科376属1025种（含931种、5亚种、85变种、4变型）	2011年	现代教育出版社
《内蒙古贺兰山国家级自然保护区综合科学考察报告》	刘振生	陆生脊椎动物4纲26目76科314种	2015年	宁夏人民出版社
《贺兰山植物资源图志》	黄璐琦、李小伟、李静尧	植物85科335属599种	2017年	福建科学技术出版社
《阿拉善植物图鉴》	冯起、司建华、邱华玉、席海洋、鱼腾飞	植物93科388属913种	2022年	科学出版社
《鄂尔多斯蜜源植物》	丁崇明	主要蜜源植物50种，辅助蜜源植物74科402种，有毒蜜源植物7种	2009年	内蒙古大学出版社

续表

志书	作者	物种数	出版时间	出版社
《鄂尔多斯植物资源》	丁崇明	植物 111 科 491 属 1195 种	2011 年	内蒙古大学出版社
《鄂尔多斯花卉》	丁崇明	露地花卉和室内花卉 118 科 350 属 625 种	2011 年	内蒙古大学出版社
《内蒙古脊椎动物名录及分布》	杨贵生、邢莲莲	脊椎动物 712 种	1998 年	内蒙古大学出版社
《内蒙古动物志》，6 卷	旭日干	陆生脊椎动物 29 目 93 科 291 属 613 种	2007~2016 年	内蒙古大学出版社
《内蒙古中部新近纪啮齿类动物》	邱铸鼎、李强	啮齿类动物 15 科 82 属 144 种	2016 年	科学出版社
《内蒙古昆虫志》第一卷第一册	能乃扎布	半翅目异翅亚目昆虫 11 科 19 亚科 91 属（包括 3 个亚属）197 种	1988 年	内蒙古人民出版社
《内蒙古昆虫》	能乃扎布	昆虫纲及蛛形纲 28 目 386 科 6346 种	1999 年	内蒙古人民出版社
《内蒙古常见动物图鉴》	杨贵生	动物 6 纲 461 种	2017 年	高等教育出版社
《内蒙古大学生物学实习基地动物资源》	杨贵生、郭砺	鱼类 2 目 3 科 20 属 23 种，两栖纲 1 目 2 科 3 属 5 种，爬行纲 2 目 5 科 8 属 15 种，鸟类 21 目 61 科 184 属 359 种	2021 年	高等教育出版社
《内蒙古野生鸟类》	聂延秋	内蒙古野生鸟类 466 种	2011 年	中国大百科全书出版社
《包头野鸟》	聂延秋	包头野生鸟类 17 目 48 科 241 种	2007 年	中国科学技术出版社
《内蒙古乌梁素海鸟类志》	邢莲莲	鸟类 181 种和 4 个亚种，分属 16 目 45 科 103 属	1996 年	内蒙古大学出版社
《内蒙古南海子湿地鸟类》	虞炜	鸟类 288 种	2017 年	中国林业出版社
《贺兰山脊椎动物》	刘振生	脊椎动物 5 纲 24 目 56 科 139 属 218 种	2009 年	宁夏人民出版社
《阿拉善珍稀濒危野生动植物》	王芳、达来、布日古德	动物 4 纲 92 种，植物 91 种	2022 年	科学出版社
《内蒙古水生经济动植物原色图文集》	孙晓文	水生经济动植物 92 种	2005 年	内蒙古教育出版社

野生动物共有20种，如雀鹰、大鵟、秃鹫等（菊花，2019）。内蒙古贺兰山国家级自然保护区有维管植物788种，其中国家重点保护植物6种；有脊椎动物352种，其中国家一级保护动物7种，如黑鹳、金雕、白尾海雕等，国家二级保护动物51种，如马鹿、岩羊、蓝马鸡等（苏云等，2022）。内蒙古乌梁素海是中国第八大淡水湖和黄河流域最大淡水湖，对维系我国北方生态安全屏障具有重要意义。1996年，由邢莲莲主编的《内蒙古乌梁素海鸟类志》记载了乌梁素海鸟类181种4亚种。2017年，杨贵生团队统计到乌梁素海鸟类共有244种（陈文婧等，2018）。此外，乌梁素海浮游植物共有281种，两栖动物有4种（灵燕，2018）。呼伦湖地处呼伦贝尔大草原腹地，在内蒙古生态环境保护中具有特殊地位。呼伦湖保护区鸟类共记录292种（其中国家一级重点保护鸟类7种、国家二级重点保护鸟类42种）、鱼类30种、哺乳类动物35种及高等植物649种（颜文博等，2006）。

蒙古高原生物多样性相关研究起步较晚，Web of Science检索到的首篇有关蒙古高原生物多样性的论文（检索时间段：截至2023年。关键词：蒙古、生物多样性）发表于2001年，至2011年，相关研究仍然处于起步阶段，年均发表论文约6篇；从2012年至2023年，进入迅速发展阶段，发文量显著增加，数量从2012年的19篇增加到2022年的81篇，2001~2023年共计发表论文548篇（图5-1）。文章数量的增加在一定程度上代表了蒙古高原生物多样性研究的不断深入，也体现了国家的重视和科研投入的不断增加。从已发表论文关键词词云图中可以看出，已有研究热点主要集中在生物多样性、生产力、内蒙古、植被、响应、多样性、格局、物种丰富度、草地、管理等不同的科学问题上（图5-2），表明蒙古高原生物多样性研究已有一定的基础，该区域在全球生物多样性保护中的重要性逐步得到重视，这对未来更好地开展蒙古高原生物多样性相关研究和保护实践具有非常重要的意义。

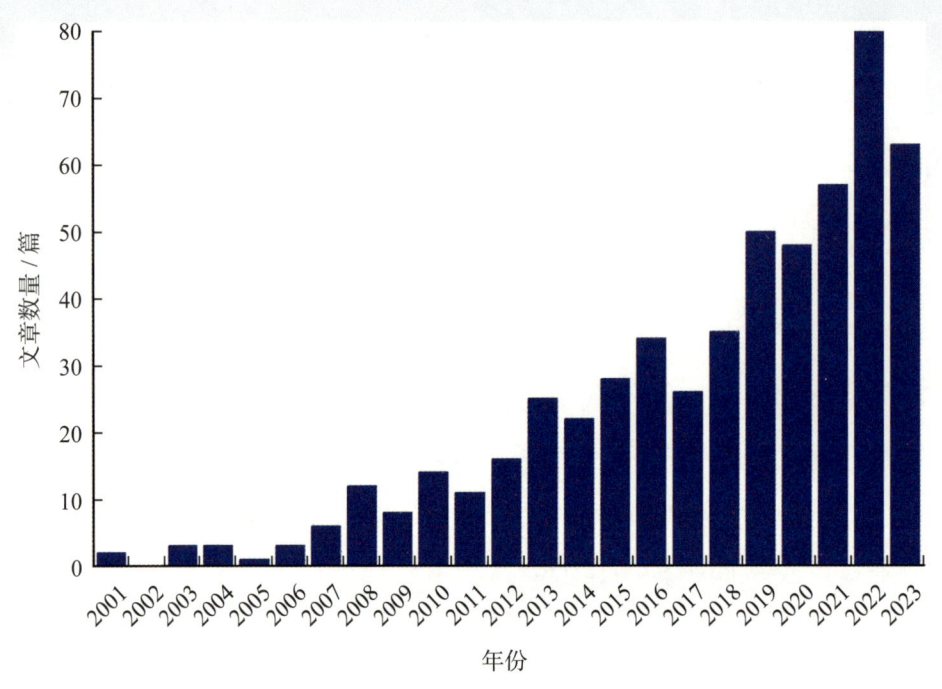

图 5-1 2001～2023 年以"蒙古"和"生物多样性"为主题的论文的年发文量

图 5-2 2001～2023 年蒙古高原生物多样性领域已发表论文关键词词云图

二、蒙古高原生物多样性保护取得的成效

2021年10月19日，中共中央办公厅、国务院办公厅印发《关于进一步加强生物多样性保护的意见》，并发出通知要求各地区各部门结合实际认真贯彻落实。2021年10月在《生物多样性公约》第十五次缔约方大会领导人峰会上，习近平总书记明确提出"构建人与自然和谐共生的地球家园"和"构建经济与环境协同共进的地球家园"[1]。而且，习近平总书记指出，"绿水青山就是金山银山""走向生态文明新时代，建设美丽中国，是实现中华民族伟大复兴的中国梦的重要内容"[2]。《关于进一步加强生物多样性保护的意见》强调，要持续推进生物多样性的调查监测，开展重要区域重点物种资源调查、编目与数据库建设，每5年更新《中国生物多样性红色名录》。构建新的人类命运共同体、落实中央和国家的重大部署、加强生态安全屏障和生态功能区建设、践行《中华人民共和国生物安全法》，对生物多样性保护与可持续利用提出了更高的要求，需要世界各国共同维护开发和合理利用生物多样性资源。

2023年10月，国务院印发了《国务院关于推动内蒙古高质量发展奋力书写中国式现代化新篇章的意见》。该意见对内蒙古提出五个战略定位——"两个屏障""两个基地""一个桥头堡"，即我国北方重要生态安全屏障、祖国北疆安全稳定屏障、国家重要能源和战略资源基地、国家重要农畜产品生产基地、我国向北开放重要桥头堡。该意见中第一条工作原则即生态优先、绿色发展，具体涉及牢固树立"绿水青山就是金山银山"的理念，扎实推动黄河流域生态保护和高质量发展，加大草原、

---

[1] 习近平在《生物多样性公约》第十五次缔约方大会领导人峰会上的主旨讲话（全文）. http://www.news.cn/politics/leaders/2021-10/12/c_1127949005.htm[2024-07-13].

[2] 像保护眼睛一样保护生态环境——习近平生态文明思想引领共建人与自然生命共同体. http://www.xinhuanet.com/politics/leaders/2022-06/04/c_1128712703.htm[2024-07-19].

森林、湿地等生态系统保护修复力度，加强荒漠化综合防治，构筑祖国北疆万里绿色长城。除第一条总体要求外，第二条意见即为统筹山水林田湖草沙系统治理，筑牢北方重要生态安全屏障。其中明确指出，要协同推进重要生态系统保护和修复重大工程、"三北"防护林体系建设工程，创建贺兰山、大青山等国家公园，培育建设草原保护生态学全国重点实验室，支持内蒙古建设国家生态文明试验区。

几十年来，国家先后实施了黄河上中游水土保持、三北防护林体系建设、天然林资源保护、退耕还林（草）、小流域综合治理等多项生态工程。近年来，国家和内蒙古自治区不同部门也布局了一些与蒙古高原生物多样性相关的科研项目，如国家科技基础资源调查专项"蒙古高原（跨界）生物多样性综合考察""内蒙古高原荒漠半荒漠地区动物资源调查"，国家重点研发计划项目"蒙古高原农业有害昆虫的监测预警和绿色防控技术联合研究"，中国科学院战略性先导科技专项（A类）专题"内蒙古高原和东北草地多要素系统观测"，国家自然科学基金国际合作与交流项目"土地利用影响蒙古高原生物多样性和生态系统功能的跨境研究"，国家自然科学基金面上项目"蒙古高原维管植物多样性编目"，内蒙古自治区科技重大专项"内蒙古生物多样性监测、评估与预警技术研究"，内蒙古重大基础研究开放项目"蒙古高原生态系统时空格局与生态过程研究"等省部级重要项目，对蒙古高原动植物区系与不同类群生物多样性开展了大范围的调查。

加强生物多样性保护研究的相关基础设施建设，其中设立自然保护区185个（包括国家级保护区29个，表5-2）、国家森林公园36个（表5-3）、国家草原自然公园14个（全国仅有39个，表5-4）、国家湿地公园54个（表5-5）(刘丽洁等，2023；徐静和春英，2021；赵美丽，2021)。此外，内蒙古自治区有国家级野外科学观测研究站6个（表5-6）、野外科学观测研究站16个（表5-7），其中后者涉及6个森林生

表 5-2 内蒙古 29 个国家级自然保护区

名称	保护对象	面积/公顷	所属盟市
内蒙古呼伦湖国家自然保护区	湖泊湿地、草原及野生动物	740 000	呼伦贝尔市
内蒙古毕拉河国家自然保护区	森林沼泽、湿地沼泽生态系统及珍稀野生动植物	56 604	呼伦贝尔市
内蒙古红花尔基樟子松国家自然保护区	樟子松（*Pinus sylvestris* var. *mongholica*）林	20 085	呼伦贝尔市
内蒙古辉河国家自然保护区	湿地生态系统及珍禽、草原	346 848	呼伦贝尔市
内蒙古额尔古纳国家自然保护区	原始寒温带针叶林	124 527	呼伦贝尔市
内蒙古汗马国家自然保护区	寒温带苔原山地明亮针叶林	107 348	呼伦贝尔市
内蒙古青山国家自然保护区	典型温带天然林与草原草甸生态系统	26 989	兴安盟
内蒙古科尔沁国家自然保护区	湿地珍禽、灌丛及疏林草原	119 587	兴安盟
内蒙古图牧吉国家自然保护区	大鸨等珍禽及草原、湿地生态系统	94 830	兴安盟
内蒙古大青沟国家自然保护区	沙地原生森林生态系统和天然阔叶林	8 183	通辽市
内蒙古罕山国家自然保护区	森林、草原、湿地生态系统及大鸨、金雕、马鹿、棕熊等珍稀野生动物	89 407.3	通辽市
内蒙古阿鲁科尔沁国家自然保护区	沙地草原、湿地生态系统及珍稀鸟类	137 298	赤峰市
内蒙古高格斯台罕乌拉国家自然保护区	森林、草原、湿地生态系统及珍稀动物	106 284	赤峰市
内蒙古乌兰坝国家自然保护区	西辽河源头区的山地森林、湿地生态系统，斑羚、马鹿和黑鹳等珍稀动植物	80 878	赤峰市
内蒙古赛罕乌拉国家自然保护区	森林生态系统及马鹿等野生动物	100 400	赤峰市
内蒙古白音敖包国家自然保护区	沙地云杉林	13 862	赤峰市
内蒙古达里诺尔国家自然保护区	珍稀鸟类及其生境	119 413.6	赤峰市

续表

名称	保护对象	面积/公顷	所属盟市
内蒙古黑里河国家自然保护区	森林生态系统	27 638	赤峰市
内蒙古大黑山国家自然保护区	温带落叶森林生态系统	86 799.4	赤峰市
内蒙古锡林郭勒草原国家自然保护区	草甸草原、沙地疏林	580 000	锡林郭勒盟
内蒙古古日格斯台国家自然保护区	森林、草原生态系统和野生动植物	98 931	锡林郭勒盟
内蒙古大青山国家自然保护区	森林生态系统	391 890	呼和浩特市、包头市、乌兰察布市
内蒙古西鄂尔多斯国家自然保护区	四合木（*Tetraena mongolica*）等濒危植物及荒漠生态系统	471 989	鄂尔多斯市、乌海市
内蒙古鄂尔多斯市遗鸥国家自然保护区	遗鸥及湿地生态系统	14 770	鄂尔多斯市
内蒙古恐龙遗迹化石国家自然保护区	恐龙足迹化石	46 410	鄂尔多斯市
内蒙古哈腾套海国家自然保护区	绵刺（*Potaninia mongolica*）及荒漠草原、湿地生态系统	123 600	巴彦淖尔市
内蒙古乌拉特梭梭林——蒙古野驴国家自然保护区	梭梭林、蒙古野驴及荒漠生态系统	108 000	巴彦淖尔市
内蒙古贺兰山国家自然保护区	水源涵养林、野生动植物	67 706.7	阿拉善盟
内蒙古额济纳胡杨林国家自然保护区	胡杨林及荒漠生态系统	26 253	阿拉善盟

资料来源：内蒙古国家级自然保护区名录. https://sthjt.nmg.gov.cn/sthjdt/ztzl/gclsxjpstwmsx/zrstxtbh/202212/t20221203_2182604..html[2022-12-03].

态系统、4个湿地生态系统和6个荒漠沙地生态系统，基本覆盖了蒙古高原主要生态类型和重要生物类群（表5-7）。内蒙古还有其他类型的省部级定位观测研究站6个，包括典型草原生态系统教育部野外观测研究站、多伦恢复生态学试验示范研究站、浑善达克沙地生态研究站、呼

表 5-3　内蒙古 36 个国家森林公园

名称	面积/公顷	所属盟市
内蒙古海拉尔国家森林公园	14 062	呼伦贝尔市
内蒙古红花尔基樟子松国家森林公园	6 726	呼伦贝尔市
内蒙古喇嘛山国家森林公园	9 379	呼伦贝尔市
内蒙古敕勒川国家森林公园	10 329.17	呼伦贝尔市
内蒙古图博勒国家森林公园	89 171	呼伦贝尔市
内蒙古达尔滨湖国家森林公园	22 081	呼伦贝尔市
内蒙古阿尔山国家森林公园	103 150	呼伦贝尔市
内蒙古绰源国家湿地公园	5 284.13	呼伦贝尔市
内蒙古莫尔道嘎国家森林公园	148 324	呼伦贝尔市
内蒙古伊克萨玛国家森林公园	15 565	呼伦贝尔市
内蒙古阿里河国家森林公园	2 486	呼伦贝尔市
内蒙古乌尔旗汉国家森林公园	36 922	呼伦贝尔市
内蒙古绰尔大峡谷国家森林公园	21 191	呼伦贝尔市
内蒙古兴安国家森林公园	19 217	呼伦贝尔市
内蒙古察尔森国家森林公园	12 133.33	兴安盟
内蒙古好森沟国家森林公园	37 996	兴安盟
内蒙古神山国家森林公园	7 223.87	兴安盟
内蒙古敖伦森林公园	7 393	通辽市
内蒙古红山国家森林公园	3 221	赤峰市
内蒙古马鞍山国家森林公园	3 500	赤峰市
内蒙古兴隆国家森林公园	2 701.2	赤峰市
内蒙古黄岗梁国家森林公园	103 333	赤峰市
内蒙古旺业甸国家森林公园	25 400	赤峰市
内蒙古桦木沟国家森林公园	40 000	赤峰市
内蒙古滦河源国家森林公园	12 666.7	锡林郭勒盟
内蒙古宝格达乌拉国家森林公园	32 562.8	锡林郭勒盟
内蒙古二龙什台国家森林公园	9 600	乌兰察布市
内蒙古龙胜国家森林公园	1 077	乌兰察布市

续表

名称	面积/公顷	所属盟市
内蒙古哈达门国家森林公园	3 600	呼和浩特市
内蒙古乌素图国家森林公园	80 000	呼和浩特市
内蒙古五当召国家森林公园	1 800	包头市
内蒙古成吉思汗国家森林公园	38 600	鄂尔多斯市
内蒙古乌拉山国家森林公园	93 042	巴彦淖尔市
内蒙古河套国家森林公园	9 652.33	巴彦淖尔市
内蒙古贺兰山国家森林公园	3 455.1	阿拉善盟
内蒙古额济纳胡杨国家森林公园	5 636	阿拉善盟

资料来源：张杰. 2023. 内蒙古国家森林公园旅游体验及其区域差异研究. 呼和浩特：内蒙古财经大学.

表5-4　内蒙古14个国家草原自然公园

名称	面积/公顷	所属盟市
内蒙古图牧吉国家草原自然公园	1 000	兴安盟
内蒙古图布台图国家草原自然公园	832.12	兴安盟
内蒙古塔林花国家草原自然公园	43 493.8	赤峰市
内蒙古二连浩特国家草原自然公园	1 000	锡林郭勒盟
内蒙古白银库伦牧场国家草原自然公园	516.6	锡林郭勒盟
内蒙古毛登牧场国家草原自然公园	3 333.3	锡林郭勒盟
内蒙古岗根锡力国家草原自然公园	1 333.3	锡林郭勒盟
内蒙古东乌珠穆沁国家草原自然公园	1 666.67	锡林郭勒盟
内蒙古乌拉盖国家草原自然公园	800	锡林郭勒盟
内蒙古宝日花国家草原自然公园	513.33	乌兰察布市
内蒙古敕勒川国家草原自然公园	1 200	呼和浩特市
内蒙古呼和浩特沙尔沁国家草原自然公园	505	呼和浩特市
内蒙古包日汗图国家草原自然公园	562.2	巴彦淖尔市
内蒙古阿拉善贺兰山国家草原自然公园	4 400	阿拉善盟

资料来源：2020年中国自然保护地十件大事日前评出，"我国首次设立39处国家草原自然公园试点"入选！快来领略美景. https://mp.weixin.qq.com/s/u4xcpPJeqCitl-OUkdjNDQ[2021-03-20].

表 5-5 内蒙古 54 个国家湿地公园

名称	面积 / 公顷	所属盟市
内蒙古根河源国家湿地公园	59 060.48	呼伦贝尔市
内蒙古牛耳河国家湿地公园	17 525.14	呼伦贝尔市
内蒙古卡鲁奔国家湿地公园	5 587.22	呼伦贝尔市
内蒙古满归贝尔茨河国家湿地公园	5 607.63	呼伦贝尔市
内蒙古阿尔山哈拉哈河国家湿地公园	4 138.91	呼伦贝尔市
内蒙古莫力达瓦巴彦国家湿地公园	3 165.94	呼伦贝尔市
内蒙古绰源国家湿地公园	5 284.13	呼伦贝尔市
内蒙古库都尔河国家湿地公园	5 775.5	呼伦贝尔市
内蒙古图里河国家湿地公园	5 413	呼伦贝尔市
内蒙古伊图里河国家湿地公园	10 360.52	呼伦贝尔市
内蒙古乌奴耳长寿湖国家湿地公园	1 411.86	呼伦贝尔市
内蒙古免渡河国家湿地公园	4 390.25	呼伦贝尔市
内蒙古巴林雅鲁河国家湿地公园	19 073.99	呼伦贝尔市
内蒙古呼伦贝尔银岭河国家湿地公园	4 275.42	呼伦贝尔市
内蒙古扎兰屯秀水国家湿地公园	3 031.38	呼伦贝尔市
内蒙古柴河固里国家湿地公园	4 033.61	呼伦贝尔市
内蒙古南木雅克河国家湿地公园	1 826.19	呼伦贝尔市
内蒙古索尔奇国家湿地公园	588.32	呼伦贝尔市
内蒙古毕拉河百湖谷国家湿地公园	56 604	呼伦贝尔市
内蒙古大杨树奎勒河国家湿地公园	2 462.64	呼伦贝尔市
内蒙古甘河国家湿地公园	2 773.13	呼伦贝尔市
内蒙古额尔古纳国家湿地公园	10 228.15	呼伦贝尔市
内蒙古红花尔基伊敏河国家湿地公园	3 144	呼伦贝尔市
内蒙古莫和尔图国家湿地公园	10 129	呼伦贝尔市
内蒙古绰尔雅多罗国家湿地公园	1 198.33	呼伦贝尔市
内蒙古陈巴尔虎陶海国家湿地公园	1 358.79	呼伦贝尔市
内蒙古满洲里市二卡国家湿地公园	5 878.5	呼伦贝尔市
内蒙古满洲里霍勒金布拉格国家湿地公园	972.15	呼伦贝尔市
内蒙古扎赉特绰尔托欣河国家湿地公园	4 660.59	兴安盟
内蒙古乌兰浩特洮儿河国家湿地公园	2 605.5	兴安盟

续表

名称	面积/公顷	所属盟市
内蒙古白狼洮儿河国家湿地公园	1 135	兴安盟
内蒙古白狼奥伦布坎国家湿地公园	6 181.34	兴安盟
内蒙古霍林郭勒静湖国家湿地公园	452.73	通辽市
内蒙古科左后旗胡力斯台淖尔国家湿地公园	585.72	通辽市
内蒙古孟家段国家湿地公园	3 264.58	通辽市
内蒙古巴林左旗乌力吉沐沦河国家湿地公园	4 238.76	赤峰市
内蒙古锡林河国家湿地公园	6 556	锡林郭勒盟
内蒙古正镶白旗骏马湖国家湿地公园	1 584.55	锡林郭勒盟
内蒙古正蓝旗上都河国家湿地公园	11 950	锡林郭勒盟
内蒙古多伦滦河源国家湿地公园	5 538.3	锡林郭勒盟
内蒙古兴和察尔湖国家湿地公园	1 937.31	乌兰察布市
内蒙古哈素海国家湿地公园	18 000	呼和浩特市
内蒙古清水河县浑河国家湿地公园	840.31	呼和浩特市
内蒙古萨拉乌苏国家湿地公园	3 000.4	鄂尔多斯市
内蒙古乌兰淖尔国家湿地公园	904.88	鄂尔多斯市
内蒙古集宁霸王河国家湿地公园	680.37	鄂尔多斯市
内蒙古包头黄河国家湿地公园	12 222	鄂尔多斯市
内蒙古昆都仑河国家湿地公园	714.93	鄂尔多斯市
内蒙古乌海龙游湾国家湿地公园	890	乌海市
内蒙古临河黄河国家湿地公园	4 637.6	巴彦淖尔市
内蒙古巴美湖国家湿地公园	654.38	巴彦淖尔市
内蒙古纳林湖国家湿地公园	1 646.12	巴彦淖尔市
内蒙古磴口奈伦湖国家湿地公园	1 816	巴彦淖尔市
内蒙古阿拉善黄河国家湿地公园	770.52	阿拉善盟

资料来源：内蒙古自治区林业和草原局关于发布内蒙古自治区第一批重要湿地名录的通知. https://lcj.nmg.gov.cn/xxgk/tzgg_7157/202101/t20210114_519246.html[2023-03-28]；内蒙古自治区林业和草原局关于发布内蒙古自治区重要湿地名录的通知. https://lcj.nmg.gov.cn/xxgk/tzgg_7157/202106/t20210618_1639622.html[2022-06-18]；内蒙古自治区林业和草原局关于发布第四批内蒙古自治区重要湿地名录的通知. https://lcj.nmg.gov.cn/xxgk/tzgg_7157/202312/t20231227_2432930.html[2024-03-26].

表 5-6 内蒙古 6 个国家级野外科学观测研究站

名称	依托单位
内蒙古锡林郭勒草原生态系统国家野外科学观测研究站	中国科学院植物研究所
内蒙古鄂尔多斯草地生态系统国家野外科学观测研究站	中国科学院植物研究所
内蒙古阴山北麓草原生态水文国家野外科学观测研究站	中国水利水电科学研究院
内蒙古呼伦贝尔草原生态系统国家野外科学观测研究站	中国农业科学院农业资源与农业区划研究所
内蒙古奈曼农田生态系统国家野外科学观测研究站	中国科学院寒区旱区环境与工程研究所
内蒙古大兴安岭森林生态系统国家野外科学观测研究站	内蒙古农业大学

资料来源：科技部关于发布国家野外科学观测研究站优化调整名单的通知. https://www.most.gov.cn/xxgk/xinxifenlei/fdzdgknr/qtwj/qtwj2019/201907/t20190701_147428.html[2022-06-27].

表 5-7 内蒙古 16 个野外科学观测研究站

名称	依托单位
阿尔山森林草原防灾减灾内蒙古自治区野外科学观测研究站	中国农业科学院草原研究所
鄂尔多斯沙地草原生态内蒙古自治区野外科学观测研究站	中国农业科学院草原研究所
苏尼特右旗荒漠草原生态内蒙古自治区野外科学观测研究站	中国农业科学院草原研究所
呼和浩特农牧交错区草地农业系统内蒙古自治区野外科学观测研究站	中国农业科学院草原研究所
浑善达克沙地生态系统内蒙古自治区野外科学观测研究站	内蒙古自治区林业科学研究院
大青山森林生态内蒙古自治区野外科学观测研究站	内蒙古自治区林业科学研究院
包头黄河湿地生态内蒙古自治区野外科学观测研究站	内蒙古自治区林业科学研究院
西鄂尔多斯森林生态系统内蒙古自治区野外科学观测研究站	内蒙古自治区林业科学研究院
呼伦贝尔生态学内蒙古自治区野外科学观测研究站	呼伦贝尔市林业和草原科学研究所
巴丹吉林荒漠生态系统内蒙古自治区野外科学观测研究站	内蒙古自治区阿拉善右旗林业和草原局
阿拉善植物多样性内蒙古自治区野外科学观测研究站	阿拉善荒漠生态综合治理研究所
贺兰山复合生态系统定位研究站内蒙古自治区野外科学观测研究站	内蒙古大学
锡林郭勒典型草原生态系统内蒙古自治区野外科学观测研究站	内蒙古大学

续表

名称	依托单位
凉城县农牧交错带复合生态系统内蒙古自治区野外科学观测研究站	内蒙古大学
赛罕乌拉森林生态学内蒙古自治区野外科学观测研究站	内蒙古农业大学
乌梁素海湿地生态环境内蒙古自治区野外科学观测研究站	内蒙古农业大学

资料来源：关于公示 2023 年第一批拟备案自治区野外科学观测研究站名单的通知. https://kjt.nmg.gov.cn/kjdt/tzgg/202308/t20230823_2365882.html[2023-09-23]；关于公布 2022 年度自治区野外科学观测研究站备案名单的通知. https://kjt.nmg.gov.cn/kjdt/tzgg/202302/t20230227_2263473.html[2023-05-27]；关于公示 2023 年拟备案自治区野外科学观测研究站名单的通知. https://kjt.nmg.gov.cn/kjdt/tzgg/202301/t20230116_2215634.html[2023-06-16]。

伦贝尔草牧业试验站、额尔古纳森林草原过渡带生态系统研究站和乌兰敖都荒漠化防治生态试验站（卢琦等，2020）。这些台站的建设为蒙古高原生物多样性的长期监测与动态研究提供了非常重要的支撑和平台。

同时，为了加强与蒙古高原周边国家的合作，已经设立了多家中蒙俄生物多样性保护合作研究机构，主要包括依托内蒙古大学的蒙古高原生态学与资源利用教育部重点实验室和草原生态安全省部共建协同创新中心、依托内蒙古农业大学的草地资源教育部重点实验室以及依托内蒙古师范大学的内蒙古自治区蒙古高原环境与全球变化重点实验室。这些国际合作平台的设立为推动区域生物多样性联合研究与人才的合作培养，以及区域生物多样性保护行动的实施发挥了重要作用。

近年来，在各级党委政府、管理机构、行业部门和科研机构的支持和努力工作下，生物多样性领域科技支撑蒙古高原生态屏障建设取得了一些显著的成效，具体包括以下四个方面。

（1）一批国家、自治区等不同层次的重大生态工程的实施，遏制了我国北方农牧交错区和草原区的开垦。10 多年来，内蒙古地区约有 44 万公顷的耕地退耕转为草地，约占全区耕地面积的 5%。退耕还草的高峰年份在 2003 年，随后每年的退耕面积保持在 1 万公顷到 2 万公顷的水平上，而且几乎所有旗县的耕地面积都在持续地削减（王忻等，2022）。耕地集约经营和国家农田水利的投资在一定程度上对冲了退耕还草的影响，从而使得内蒙古地区粮食产量并没有发生下降。

（2）森林植被覆盖度逐年提高，防沙护林体系基本形成。基于重大生态建设工程，党的十八大以来，内蒙古年均完成林业生态建设任务1200多万亩[①]，居全国第一位，走出了一条大工程带动大治理的防治之路，强有力地推进了防沙治沙工作。2020年，内蒙古森林覆盖率提高到23%，较2013年提高了1.97个百分点；森林面积3.92亿亩、森林蓄积量15.27亿立方米，分别增加1905万亩和1.82亿立方米。2019年草原综合植被盖度达到44%，比2012年提高了4个百分点；每年完成水土流失综合治理面积900多万亩；建设国家沙化土地封禁保护区试点13个，5年内封禁面积达200万亩（内蒙古自治区人民政府，2020）。

（3）生态系统保护成效显著，土地沙化荒漠化得到防治。

（4）形成以国家公园为主体的蒙古高原自然保护地体系，实现对不同生态系统与重要生物资源的保护。内蒙古自治区已有不同级别的自然保护区180余个，包括森林、草原、湿地、荒漠、地质遗迹等多种类型。截至2016年末，内蒙古自治区各级自然保护区面积达12.68万平方千米，占全区总面积的10.72%，保护区总数和面积居全国第四位；内蒙古自治区内自然保护区建设已初见规模，森林生态保护优势凸显，荒漠化防治在近30年已取得卓越成效（石毅，2017）。

三、蒙古高原生物多样性保护成功案例和标志性成效

1. 贺兰山国家级自然保护区建设助力蒙古高原生物多样性保护

贺兰山坐落于宁夏回族自治区与内蒙古自治区交界处，处于青藏高

---

① 1亩≈666.67平方米。

原、蒙古高原和黄土高原的交界处，具有特殊的地理位置、复杂的地形组合，以及气候、土壤等自然因素（赵朋波等，2022）。作为我国八大生物多样性中心之一——阿拉善-鄂尔多斯生物多样性中心（我国唯一位于北方的生物多样性中心）的核心区域，贺兰山山地拥有丰富的生物多样性，包括维管植物788种、苔藓植物204种、大型真菌200余种、鸟类143种、兽类56种、爬行类14种、两栖类3种、鱼类2种、昆虫952种、蜘蛛80余种（李志刚等，2012）。其中，有7种国家重点保护珍稀濒危植物，包括四合木、斑子麻黄、羽叶丁香、蒙古扁桃、革苞菊、贺兰山棘豆、内蒙古野丁香；7种国家一级保护动物，包括黑鹳（也是世界濒危珍禽，被称为"鸟中熊猫"）、金雕、白尾海雕、胡兀鹫、大鸨、马麝、雪豹；51种国家二级保护动物，包括马鹿、岩羊、猞猁、兔狲、石貂、苍鹰、雀鹰、松雀鹰、鸢、兀鹫、鹊鹞、短趾雕、猎隼、游隼、燕隼、红脚隼、红隼、蓝马鸡、雕鸮、长耳鸮等（苏云等，2022）。

内蒙古贺兰山国家级自然保护区位于内蒙古自治区阿拉善左旗境内，为国家级森林和野生动物类型自然保护区，保护区面积101.56万亩。该保护区的前身是林场，1992年建立自治区（省）级自然保护区，同年晋升为国家级自然保护区，并于1995年加入中国人与生物圈保护区网络。1999年起，贺兰山开始大力实施生态保护工程，包括退牧还林移民搬迁和天然林保护工程。调查显示，经过20多年的有效保护，贺兰山地区生物多样性与生态环境呈现明显好转趋势，生态功能逐年增强（刘付宾等，2023）。例如，保护区内岩羊总量达到5万多只，是世界岩羊分布密度最高的地区之一。马鹿也由2001年的2000头增加到7000多头，还有仅分布于贺兰山脊地区、分布范围极有限的中国特有种贺兰山鼠兔，甚至一度消失67年的雪豹均再次在保护区内被发现踪迹。保护区草场植被覆盖度由退牧前的36.3%增至2021年的70.6%，森林覆盖率由2001年的51%提高到2021年的57.3%，每公顷鲜草量由731.04公斤增加到

2720.74 公斤，每公顷拦蓄水量由 0.6 立方米增加到 1.7 立方米（苏云等，2022）。贺兰山生态系统的恢复，不仅改善了该区域人民的生产生活，同时其涵养水源、保持水土、防风固沙、调节气候等功能不断增强。

与此同时，全国各高校与研究机构同宁夏贺兰山国家级自然保护区管理局合作，在贺兰山开展了系统的多类群生物多样性研究与调查。如内蒙古大学与北京师范大学分别开展的贺兰山植物多样性海拔梯度格局的调查与研究、北京大学与东北林业大学开展的贺兰山哺乳动物多样性调查与研究、宁夏大学开展的贺兰山昆虫丰富度格局调查与研究、内蒙古农业大学与内蒙古科技大学联合开展的贺兰山真菌多样性调查与研究。此外，为加强贺兰山物种研究，推进生物多样性保护，内蒙古贺兰山国家级自然保护区管理局编著出版了一套综合科学考察系列丛书，包括《内蒙古贺兰山自然保护区植物多样性》《贺兰山大型真菌图鉴》《内蒙古贺兰山地区昆虫》《贺兰山野生动物图谱》《贺兰山苔藓植物彩图志》《内蒙古贺兰山国家级自然保护区综合科学考察报告》等。

未来，在构筑我国北方重要生态安全屏障的重大战略指导下，在中共中央、国务院、自治区有关部门的强力支持下，在各地政府、科研机构与高校、各地保护区管理机构、当地居民的共同努力下，贺兰山地区乃至蒙古高原的生态环境改善与生物多样性保护工作将取得更大更有意义的成效。值得一提的是，2023 年 10 月国务院印发的《国务院关于推动内蒙古高质量发展奋力书写中国式现代化新篇章的意见》中提出，要创建贺兰山等国家公园。

2. 乌梁素海生态环境改善助力蒙古高原生物多样性保护

乌梁素海位于内蒙古巴彦淖尔市乌拉特前旗境内的后套平原东端，它北依白云查汗山，东北靠明安川，东南临乌拉山，南端与黄河相连，西是河套平原。地理坐标为 108°43′～108°57′E，40°47′～41°03′N（赵格日乐图等，2019）。乌梁素海不仅是内蒙古自治区西部最大的淡水湖泊、我国八大淡水湖之一，还是河套灌区 861 万亩农田的唯一容泄区，拥有全球范围内荒漠半荒漠地区极为少见的具有生物多样性和环保多功能的大型草型湖泊，以及地球上同一纬度地区最大的自然湿地（李刚，2007）。乌梁素海独特的生态环境使其成为亚洲大型多功能、高生态效益的湿地生态系统，不但环境优美、物种丰富，而且地处国际八大候鸟迁徙通道东亚—澳大利西亚和中亚—印度的交叉点，是全球著名的野生鸟类繁殖地和迁徙停歇地，属亚洲十分重要的生物多样性保护区（张雅棉等，2012）。除此之外，乌梁素海也是著名的旅游胜地，被誉为"塞外明珠"（肖晶和饶良懿，2023）。

乌梁素海湿地总面积约为 600 平方千米，库容量约为 3 亿立方米，其中水体面积约 293 平方千米。该湿地是我国半荒漠地区具有很高生态价值和社会效益的大型多功能湖泊湿地，生物资源典型，物种多样性丰富（赵格日乐图等，2019；王效科等，2004）。乌梁素海湿地是我国重要湖泊湿地之一，该湿地有水生植物 6 科 11 种、浮游植物 8 门 97 属 222 种，其中绿藻门 42 属 96 种、硅藻门 24 属 49 种、蓝藻门 15 属 40 种。该湿地还有野生动物 38 目 110 科 460 多种，其中兽类 7 目 15 科 21 种、爬行类 2 目 4 科 13 种、鱼类 4 目 7 科 21 种、底栖类 2 目 2 科 4 种、昆虫类 6 目 37 科 57 种、浮游动物类 65 种、鸟类 17 目 46 科 209 种，其中列入国家保护的鸟类有疣鼻天鹅、大天鹅和斑嘴鹈鹕三种，列入自治区保护的名鸟有百灵鸟（邓晓红等，2020；陈文婧等，2018）。早在 2002 年，乌梁素海被正式列入《国际重要湿地名录》，成为国际社会广泛关注的生物多样性湿地自然保护区。

1998 年，经内蒙古自治区人民政府批准，内蒙古乌梁素海湿地水禽自然保护区晋升为自治区级自然保护区。2011 年，乌梁素海被中国野生动物保护协会命名为"中国疣鼻天鹅之乡"。2021 年，乌梁素海被内蒙古自治区林业和草原局列入自治区重要湿地名录。多年来，在国家和内蒙古自治区林业和草原局的大力支持下，以内蒙古乌梁素海流域山水林田湖草生态保护修复国家试点工程为依托，统筹全流域、全要素综合治理，乌梁素海生物多样性不断提高，湖体生态功能逐步恢复，形成"一带一网四区"的生态安全格局。例如，2019年乌梁素海流域林草覆盖率提高到21.89%，林木总积蓄量达2096万立方米，湿地面积达231万亩，乌梁素海湖区整体水质为V类，迁徙经过和在乌梁素海进行繁衍的鸟类达260多种，数量突破600万只（白敬和张丽红，2010）。乌梁素海的生态治理不仅逐步改善了流域生态环境，提高了人民生产生活与生态环境间的协同性，使人民生态获得感和满足感大大提高，同时其涵养水源、净化水质、调蓄洪水、控制土壤侵蚀、美化环境、调节气候和维护生物多样性等生态功能不断增强。

与此同时，全国各高校与研究机构同巴彦淖尔市乌拉特国家级自然保护区管理局合作，在乌梁素海开展了系统的多类群生物多样性研究与调查工作。例如，与北京林业大学、内蒙古大学、内蒙古农业大学等重点科研院校在保护区合作建成科研教学基地，联合开展鸟类资源以及重要种类的繁殖生态调查研究工作，对湿地保护、生态系统恢复、鸟类调查研究等问题进行长期跟踪研究。此外，为确保野生鸟类资源安全，巴彦淖尔市林业和草原局组织自然保护区管理局、森林公安、资源林政、野生动植物保护中心、护林队在野生鸟类迁徙期、繁殖期开展了"候鸟二号行动""绿剑行动""畅通候鸟迁徙通道"等联合执法专项行动，严厉打击乱捕滥猎、非法经营、破坏鸟类栖息地和繁殖地等违法行为，形成了一个强有力的震慑高压执法环境。该市制定出台了《巴彦淖尔市突发重大野生动物疫情应急预案》，建立了野生动物疫源疫病监测防控信息管理指挥平台，其中，乌梁素海自然保护区被确定为自治区级首批陆生野生动物疫源疫病监测单位，建成野生鸟类监测点4处，成立陆上、海上2个监测巡护组，对重点监测对象、监测区域和巡查路线开展定期

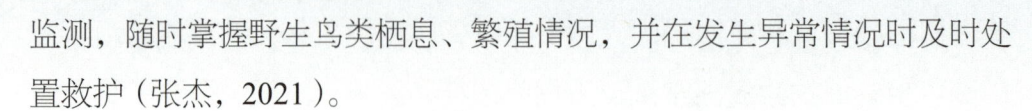

监测，随时掌握野生鸟类栖息、繁殖情况，并在发生异常情况时及时处置救护（张杰，2021）。

未来，在构筑我国北方重要生态安全屏障的重大战略指导下，在中共中央、内蒙古自治区、巴彦淖尔市三级政府的强力支持下，在持续推进乌梁素海流域山水林田湖草沙一体化保护修复的基础上，在各地政府、科研机构与高校、各地保护区管理机构、当地居民的共同努力下，乌梁素海乃至蒙古高原的生态环境改善与生物多样性保护工作将取得更大更有意义的成效。

四、蒙古高原生物多样性保护存在的主要问题

生物多样性本底与资源整合利用有待加强。蒙古高原地域辽阔，植被类型多样，孕育了种类繁多的生物资源，分布着2619种维管植物、765种脊椎动物和1966种大型真菌（赵一之等，2020）。然而，由于人类活动和自然因素等影响，蒙古高原的生物多样性目前正面临严重的威胁。蒙古高原区域内的动物分类研究历史短、基础薄弱，相关专业人才缺乏，资源本底不清，动物分类研究任重道远（Guo et al.，2024；Piao et al.，2023）。对蒙古高原的多样性本底综合报道缺乏，尤其缺少对国家级和省级自然保护区以外区域的本底调查，也未见对该地区动物多样性分布大尺度格局、威胁因素与保护，以及资源整合利用等进行综合论述的文献。大型真菌研究具有一定基础，而且食药用菌是蒙古高原地区得到有效开发利用的生物类群，但产业依托的平菇、香菇、滑子菇、黑木耳等品种均是外来品种，人们对本地品种的开发利用相对薄弱；而且具有较高经济价值和食用价值的当地特有菌种，普遍面临着过度采集的威胁，种群规模有持续下降的趋势（Duan et al.，2021）。

生物多样性监测网络有待完善。蒙古高原地区已建成的生态观测与

研究站虽然基本覆盖了蒙古高原的典型生态系统类型，但是在高原上面积最大的草原生态系统中，不管是在自治区尺度上还是在国家尺度上的多样性监测网络均尚未建成，已有观测台站侧重于监测东部大兴安岭林区和西部荒漠地区，而高原中部腹地涉及较少，中蒙边界地区尚处于监测空白区域。在物种监测方面，已实施监测物种相对有限，类群覆盖度也较低，蒙古高原上特有、珍稀或保护生物（如蒙古野驴、遗鸥、大鸨、貂藻、发菜、蒙古口蘑等）多样性监测网络十分薄弱。监测技术有待更新，监测数据保存分散，数据共享机制有待完善；红外相机云平台技术、无人机持续监测技术、卫星遥感和3S技术[①]等空天地一体化技术的使用和研发有待加强。

生物多样性保护力度不够。蒙古高原生态系统复杂多样，由东向西形成了森林、草原、荒漠等生态景观。然而人类活动和全球气候变化对生物多样性造成了重要影响。虽然一系列生态工程的实施，让当地的生态环境和生物多样性得到了一定的恢复和保护，但是相关生物多样性保护力度仍有待加强。尽管内蒙古地区已建的185个自然保护区，已涵盖了大部分的生物多样性资源，但其保护工作的有效性仍有待提高。多样性保护的研究资料老旧，缺少重点保护类群多样性、分布与保护的最新信息，缺乏对特定物种或特定类群专门的保护措施；缺少关于人类生态认知与自然保护关系的研究；缺少脊椎动物物种尤其是动物多样性的跨境保护实践。蒙古高原127种珍稀濒危植物中，有81种已得到各级自然保护区保护，但仍有46种珍稀濒危植物未得到有效保护。蒙古高原真菌多样性保护工作起步较晚，分布于蒙古高原的1966种大型真菌中，包括濒危物种3种、易危9种，针对这些真菌的保护工作十分有限，保护行动也缺乏系统性指导；对于本地区的松口蘑、蒙古口蘑等其他重要经济

---

① 3S技术为GIS、RS、GPS的统称和集成。

物种尚未采取有效的保护行动（刘哲荣，2017）。

　　草地退化与修复问题尤为突出（Lark et al.，2020）。草地生态系统作为地球三大碳库之一，对人类未来的生存与发展有着不可替代的巨大生态、经济和社会价值（Bardgett et al.，2021；Suttie et al.，2005）。21世纪初期，内蒙古草地的退化面积和程度呈现不断加剧的趋势，草地退化面积较20世纪80年代几乎翻了一倍，且内蒙古中部约有三分之二的旗县草地退化率已经达到100%（Unkovich and Nan，2008）。气候变化对草地有一定的影响，但人为活动是导致我国北方草地退化的主要因素，过度放牧、人口增加、开垦草地、樵采滥挖、经济结构单一以及不够完善的草原管理和利用的制度与政策等人类活动成为蒙古高原草地退化的主要驱动因素（Seto et al.，2011）。草地退化导致其生产力大幅度下降，生物多样性减少，土壤侵蚀加剧，生态系统稳定性降低，反而成为影响地区经济迅速发展的制约因子（Wagg et al.，2022；Steffens et al.，2008）。草地面积的锐减及草地生产力的急剧下降，使草地退化不仅成为科学界和社会关注的重点问题，也让我国政府认识到草地资源退化的危害，并相应地采取了较多措施治理草地退化问题。但在已投入整改的情况下，我国的草地退化治理措施尚未收到理想的效果，很多地区草地资源退化的总体趋势并未得到有效改善或草地恢复进程较慢，而治理措施不能很好地实施，以及未把握好草地退化的关键因素及其影响因素是导致上述结果的主要原因。对蒙古高原的草地修复应该关注其实际的动态变化，充分研究该地区的碳循环、水分补偿和不同播种等影响机制，用基础理论指导行动，合理地调整草原修复政策。

　　外来入侵生物防范有待加强。蒙古高原目前已知有94种外来入侵植物、32种外来入侵动物和11种外来入侵菌物，外来入侵生物在蒙古高原上定殖扩散，已大量入侵到农田、蔬菜地、荒地、路边、草坪、林缘、城市居民区等各种生境，对当地农牧业生产和生态安全造成了一定的影响（王宜凡和贺俊英，2021；田文坦等，2015）。入侵植物是对蒙古高原生态和生产生活造成影响最大的生物类群，呈现出草本植物更易入侵的特点（Beaury et al.，2023）。入侵菌物大部分为植物病原菌，主要分布于农牧区，目前的研究尚未发现其中有直接影响草原生态环境的有害物种（Gao et al.，2024）。从入侵物种的入侵途径来看，除了部分种类是作为目的性植物有意引进的，其余物种则是通过自然扩散或随进口货物、农作物等人为途径传入的（Delavaux et al.，2023）。由于草原生态系统的脆弱性与地域的广阔性，外来物种的入侵性和人为引进数量的持续上升，对外来物种风险防控仍需进一步加强。

区域尺度不同类群生物多样性及其相互关系的相关研究较少。蒙古高原地区环境梯度差异明显，植被类型丰富，不同生物类群的物种组成多样。有关物种多样性的研究多集中在气候、土壤、生境异质性等环境驱动因素对生物多样性的综合影响方面（Guo et al.，2024；Li et al.，2023）。不同生物类群的相互关系研究有一定进展，但研究范围仍然比较有限。蒙古高原处于干旱、半干旱气候区，水土流失、耕地草场退化和沙漠化等多种环境问题并存，生态系统中物种间互相联动的内在关系不清晰（Qi W H et al.，2024）。依据过去的各种试验站点或小尺度生态学过程的认识，已经很难解决实际问题，亟须从区域视角出发，将地面实际调查数据和统计数据应用到蒙古高原地区，研究大尺度区域性不同类群生物多样性生态系统的总体行为分布格局与驱动机制，探讨区域尺度生物多样性科学生态系统管理的理论与实践问题。

区域尺度生物多样性与生态系统功能和服务关系的相关研究较少。区域尺度的物种多样性可以影响生态系统的功能，如生产力和稳定性；物种多样性越高，对其生态系统功能越能产生积极影响（Wang et al.，2019；Craven et al.，2018）。近年来，人们对蒙古高原某区域的单一生态类型进行了生态系统功能服务的调查和价值评估，以及对气候变化或人为因素与生态系统功能和服务之间的关系进行了研究，但区域尺度的生物多样性与生态系统功能和服务关系的相关研究未见系统报道。由于对生态系统服务功能的评估指标体系和评价指标不同，相同生态系统的价值核算也有较大差异。全球气候变化等自然因素，放牧、伐木及开采等的不合理人为利用，以及退耕还林（草）和恢复森林植被的积极举措使得蒙古高原的生态系统发生变化，使得对该地区的生态系统的功能和服务也随之产生影响（Cai et al., 2024）。生态系统服务使人类可以直接或间接地从生态系统中获得利益（Ross et al., 2021）。已有关于该区域生态系统服务的相关研究主要侧重于对其进行价值评估以及探究其与气候变化和人为干扰之间关系，涉及生物多样性关系的研究还较少，目前生物多样性关系的研究尚处于研究单一物种多样性或植物多样性对单一生态系统部分功能的影响的阶段（Ma et al., 2024）。

区域性国际合作与跨境保护机制需要进一步推进。蒙古高原地域广袤，在该区域，中国与蒙古及俄罗斯边界线长达4000多千米；在这漫长的边界线上，仅有东部建立的"CMR达乌尔国际自然保护区"开展了实质性跨国保护合作，保护重点也侧重于区域代表性物种，如蒙原羚和湿地迁徙鸟类等（李成，2010）。中蒙双方于2009年签订合作协议，开展蒙古高原动物种多样性研究。沿着边界线分布着盘羊、北山羊、蒙古野驴等许多重要物种，对其保护需要跨境合作，扩展跨境保护涵盖的物种和生态环境，建立更科学更完善的跨境保护机制，中俄蒙之间的区域性国际合作需要着力加强，生物多样性监测与保护、资源收集与利用、外来物种入侵的监测与预警等领域的合作需要持续支持，在国际资源获取、信息资源挖掘、知识产权保护、国际参与度及资源高效利用方面还有待进一步提高（揭志良等，2016）。

研究平台和人才队伍相对薄弱。内蒙古相关高校和科研单位已有一些生物多样性相关的科研平台，例如内蒙古大学的蒙古高原生态学与资源利用教育部重点实验室、内蒙古师范大学的"蒙古高原生物多样性保护与可持续利用"内蒙古自治区高等学校重点实验室等。但是这些研究平台的整体实力，包括研究团队建设、科研产出水平、重大科研项目承担能力、社会服务等方面，均相对较弱，缺乏国家级的生物多样性相关实验室，更加缺乏优秀科学家的引领。此外，内蒙古从事生物多样性相关研究的单位已经有一些蒙古高原的生物多样性数据，内蒙古大学、内蒙古师范大学、内蒙古农业大学也有一些生物多样性相关的生物标本馆。但是，这些生物标本馆与数据库缺乏科学规划与布局，不能定期更新，没有长期的资金支持，并且缺乏系统规范的管理、相关数据的发布、共享机制和平台。迄今为止，蒙古高原地区没有一家标本馆纳入国家生物标本馆体系，本地馆藏的生物标本数量有限、种类不全、代表性不足、质量良莠不齐，物种鉴定的准确性与支撑生物多样性保护的能力有待提高。尽管野外台站布局比较全面，但是数据的共享与动态监测结果的应用缺乏统筹。开展生物多样性保护研究与监测的专业人才队伍有待进一步扩大和重点扶持。

五、蒙古高原生物多样性保护新使命新要求

1. 研判新阶段蒙古高原生态屏障建设对生物多样性领域科技的重大需求（经济、社会、生态维度）

经济维度：国家在蒙古高原实施了黄河上中游水土保持、三北防护林体系建设、天然林资源保护、退耕还林、退牧还草等一系列大型生态建设工程，虽然取得了一定成效，但远未从根本上解决草地沙化与荒漠化问题，可耕土地的退化、资源的可持续利用与农牧民的生活与经济可持续发展、过度放牧、人口增加、开垦草地、樵采滥挖、经济结构单一，以及不够完善的草原管理和利用的制度与政策等问题也未得到有效解决。

社会维度：蒙古高原是我国北方非常重要的安全屏障和生态功能区，

具有4000多千米的中蒙俄国境线,具有非常重要的战略地位。蒙古高原生物多样性保护与生态环境综合治理,不仅是我国发展内蒙古地区的重要措施,也是维护友好邻邦和区域生物与生态安全,推动区域绿色健康可持续发展的必然需求。应该实施多层次的生物多样性保护体系,建立跨境研究与保护的国际合作机制。建设以国家公园为主体的保护地体系需要全面考虑蒙古高原地区生态系统的完整性与系统性,建立国际合作的保护机制。对重点生态功能区(优先保护区、热点区、物种重要分布区等)的保护需要理论和政策同步实施,依靠科学的生物多样性数据作为支撑。

生态维度:随着我国中西部地区开发建设的加快,蒙古高原地区传统能源开发与新能源基地的建设对当地生态环境和生物多样性保护造成越来越大的压力。应该系统研究和评估在气候变化和放牧、割草、矿山开采等人类活动干扰共同影响下,生物多样性保护面临的突出问题和对策建议;系统评估蒙古高原生态工程(三北防护林、退耕还草、退耕还林、生态奖补、草畜平衡等)对其生物多样性的影响;全面评估草地围栏利弊,加强荒漠化的防治或合理利用,做好以国家公园为主体的蒙古高原自然保护地体系规划和中蒙俄跨境保护区与生态廊道建设。加大多层次保护体系建设力度,重视基层管护员和居民的保护和监测培训,构建青少年的自然教育体系,以及未来消费者的生态旅游和休憩需求的设计与规划。

2. 总结新阶段生物多样性领域科技支撑蒙古高原生态屏障建设的新使命

内蒙古地处祖国北疆,是我国北方重要的生态安全屏障,也是我国森林资源相对丰富的地区之一,林地面积、森林面积均居于全国首位。内蒙古生态状况如何,不仅关系全区各族群众的生存和发展,而且关系华北、东北、西北乃至全国的生态安全。习近平总书记强调,"把内蒙古建成我国北方重要生态安全屏障,是立足全国发展大局确立的战略定位,也是内蒙古必须自觉担负起的重大责任。构筑我国北方重要生态安全屏障，把祖国北疆这道风景线建设得更加亮丽，必须以更大的决心、付出更为艰巨的努力"[①]。新阶段生物多样性领域科技支撑蒙古高原生态屏障建设的新使命是：构建我国北方生态安全屏障和绿色防沙长城，扎实落实各项生态工程项目的实施；持续荒漠化治理与退化草地的修复，改善生态环境与人居环境；继续做好以国家公园为主题的自然保护地体系建设，运行好已构建的生物多样性野外监测台站与研究网络，为生物多样性保护提供坚强保障；全面提升生态文明建设能力水平，共筑我国北方生物与生态安全屏障，确保华北乃至全国的生态安全。

六、中国科学院在蒙古高原生物多样性保护中的重要作用

目前，中国科学院虽然在内蒙古高原没有科研院所布局，但是设有野外台站，如内蒙古锡林郭勒草原生态系统国家野外科学观测研究站、内蒙古鄂尔多斯草地生态系统国家野外科学观测研究站、内蒙古奈曼农田生态系统国家野外科学观测研究站等。基于这些台站以及中国科学院重大科研项目的支持，中国科学院相关单位对典型草原生态系统水、土、气、生等主要生物和非生物要素开展了长期监测，系统地研究了草原生态系统结构与功能之间的联系及其对全球变化的响应与机理，在草地生态系统的适应性管理与可持续利用、退化草地恢复和人工草地建植、草原鼠类和蝗虫群落动态观测、草原鼠害防治与治理等方面发挥了重要作用。依托在内蒙古科尔沁沙地的野外台站和中国科学院兰州分院，北京40多个研究所到内蒙古库伦旗开展帮扶工作，取得了很好的效果（卢琦等，2020；杨萍等，2020）。中国科学院科研团队基于生物多样性保护研究，在内蒙

[①] 习近平在参加内蒙古代表团审议时强调 保持加强生态文明建设的战略定力 守护好祖国北疆这道亮丽风景线. http://env.people.com.cn/n1/2019/0306/c1010-30959586.html[2024-07-12].

古生物资源调查与野生动物保护等方面取得了重要进展，为内蒙古高原生态环境恢复、生物多样性保护与帮扶致富作出了重要贡献。

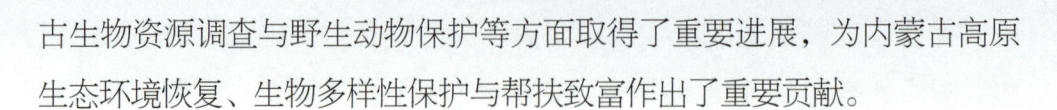

草原生态系统长期监测与草地退化恢复。以内蒙古高原草原生态系统为主要目标，建立了草原生物多样性监测和草原灌丛化监测与研究大样地，构建了放牧和割草管理综合研究样地，深入研究了草原生态系统不同组织层次（个体—种群—功能群—群落—生态系统）和不同营养级水平（家畜—植物—土壤动物和微生物）之间的调控与反馈机制（Xu et al.，2024）；拓展研究浑善达克沙地生态系统，采用人工观测、自动观测、无人机高光谱监测、激光雷达监测和高分辨率植物物候监测等手段对样地中生物多样性（植物、动物和土壤微生物）的变化动态、气象要素等进行长期监测，构建空天地一体化的草原生物多样性监测和评估体系，为揭示不同时空尺度的草地生物多样性维持机制研究提供了重要的基础数据和新的研究思路（Su et al.，2023；范敏等，2022）。基于退化恢复样地的研究，为放牧退化草原生态系统的恢复与重建提供了理论依据与技术措施；基于放牧实验样地，研究了草原生态系统对放牧的响应与反馈机制研究。积累了科研样地建设的经验、方法，建立了科研样地建设的标准、规范，探讨了科研样地管理与长效运行的机制等，为我国不同区域、不同生态类型的科研样地建设设计、科研样地管理、数据集成与共享等提供了经验。

定点帮扶，做好防止返贫的动态监测和帮扶。将内蒙古库伦旗作为定点帮扶对象，在2020年底前聚焦脱贫致富，发挥中国科学院集团化、成建制优势开展扶贫工作；实现库伦旗脱贫摘帽的目标后做好防止返贫的动态监测和帮扶工作。并且围绕"库伦旗乡村振兴发展战略"主题，就荞麦产业、种养-粪污发酵处理一体化示范、乡村振兴重点示范村建设、集雨农业技术示范、教育帮扶、食育帮扶、实用技术培训以及干部创新能力提升等方面进一步着力突破，服务于地方经济的发展和国家战略计划的实施。

推动生物多样性国际合作，助力区域可持续发展。近年来，中国科学院在生物多样性领域布局国际合作项目，推动中蒙、中俄在蒙古高原共同开展生物多样性资源调查与收集，已获取蒙古高原的生物资源30余万份；基于中国科学院的国家人才计划，为蒙方培养高层次青年科技人才和技术骨干，在蒙古高原构建重要农业害虫监测网络，助力于区域农业绿色发展。基于中德合作构建的划区轮牧实验样地是迄今世界上最大的放牧实验平台，按照不同放牧梯度进行设置，项目实验小区总面积3000多亩，对照的自由放牧区3000多亩，主要探讨温带草原的土地合理利用方式，同时还关注在不同土地利用方式（不同放牧强度）下草原生态系统生物地球化学循环变化及特征，为草地生态系统保护与可持续发展提供了理论基础和数据支撑（王晨绯，2015）。

第二节　蒙古高原生物多样性保护战略体系

内蒙古是我国北方重要的生态安全屏障和生态功能区，具有长达4000多千米的边境线（张志敏等，2020），也是我国重要的战略要地之一；该地区既是我国森林覆盖度最丰富的地区之一，也是我国草原面积最多的三省份之一；同时也是全国荒漠化和沙化土地最为集中、危害最为严重的地区之一，内蒙古高原是生态环境丰富多样又最为脆弱的地区。对于该地区的生态屏障建设，需要分领域、分区域地建设生态文明先行示范区，将生态屏障建设同经济建设、政治建设、社会建设和国际战略统一部署，统筹推进。

一、战略性科技方向

战略性科技方向聚焦在生物多样性及生态环境保护与恢复方面。我国相继出台了《全国生态功能区划（修编版）》《关于划定并严守生态保护红线的若干意见》等重要规划和纲领性文件，我国生态保护工作向科学型管理转变，从而为推动生物多样性保护提供了政策保障；相继颁布和修订了《中华人民共和国野生动物保护法》《中华人民共和国森林法》《中华人民共和国环境保护法》《中华人民共和国生物安全法》等多部与生物多样性保护相关的法律法规，积极推动完善关于生物安全、遗传资源获取与惠益分享、生态保护红线及生态损害赔偿。坚持蒙古高原地区生态环境保护优先、自然恢复为主的总体指导思想，整合蒙古高原生态屏障功能关键区域、生态问题区域、气候变化影响和未来生态风险，基于蒙古高原自然生态状况和关键生态问题，系统布局该地区生态保护修复工程，提出可操作性强、符合生态学规律的治理和保护措施，推动蒙古高原草地沙化与荒漠化治理，保护区域多样化的生态系统，逐步恢复生物多样性与生态系统和服务功能，为我国建好北方的生态安全屏障，支撑全国的发展大局。

二、关键性科技方向

针对蒙古高原草地沙化与荒漠化给生态安全屏障建设带来的重大挑战，聚焦生物多样性保护与生态系统监测，提升生物遗传资源收藏与保护的基础能力，推动蒙古高原野生生物遗传资源国家基因库与种质资源库建设。通过区域生物多样性研究，结合遗传资源的挖掘利用，构建蒙古高原生物遗传资源保存与利用体系，推动蒙古高原地区特有种质资源的保护与育种。同时，推进蒙古高原地区林草种质资源保护，加快良种牧草、生态型优良牧草的选育，建设适合蒙古高原地区的乡土草种种质资源繁育基地，着力推进草地退化区域的生态恢复。

加强蒙古高原地区生物多样性资源本底调查，编制生物多样性资源目录；调查代表性生态环境资源与植被景观资源，并开展资源监测与科学评价，提出科学保护与绿色恢复的框架方案。构建蒙古高原生物标本资源库与信息共享平台，支撑区域生物多样性保护与可持续利用。

加强以国家公园为主题的自然保护地建设与监管，将更大面积的野生动植物和菌物的重要栖息地纳入保护范围。开展蒙古高原重要栖息地的全面调查、持续监测与科学评估，构建野生动植物、菌物及其栖息地保护的综合性数据信息系统与管理平台。提出科学的栖息地的优化整合保护策略，构建整体性的生态廊道以连接并保护各栖息地，进一步加强跨境区域生物多样性的协同保护。

加强区域生物多样性与重要生态系统尤其是草地生态系统的长期监测，聚焦草地沙化与荒漠化的系统研究，通过实施不同的生态修复工程，对草地生态系统进行保护与恢复，探索基于生态系统全功能角度的绿色治理实践。

三、阶段性目标

分阶段阐述生物多样性领域科技支撑蒙古高原生态屏障建设的重点突破方向、阶段性目标以及科技支撑能力水平预期成效。

至 2025 年，重点做好国家重点生态功能区与以国家公园为主体的自然保护地体系建设，在区域范围内合理调整和优化自然保护地空间范围，实现对蒙古高原生物多样性的有效保护。开展蒙古高原生物多样性本底与生态环境资源的系统调查，对蒙古高原生物多样性热点区进行监测与现状评估；推进蒙古高原草地生态功能区的监测、保护和恢复工程；初步建成蒙古高原生物标本资源库与特有野生生物基因库及种质资源库；

统筹推进山水林田湖草沙系统治理，以防沙治沙和荒漠化防治为主攻方向，推进沙化土地、退化草原的治理，初步遏制区域风沙危害，自然生态系统状况得到进一步改善，生态系统稳定性与服务质量得到提升。

至2035年，蒙古高原各项生态重大工程全面实施，土地沙化与草地退化得到遏制，荒漠化得到有效控制，蒙古高原特色生态文明体系建立，我国北方生态安全屏障基本建成。蒙古高原生物多样性热点区得到全面系统的监管，生物多样性及生态环境稳态提升；通过重要生态系统保护和修复重大工程实施，国家重点生态功能区自然生态系统状况实现根本好转，生态系统质量明显改善，生态服务功能显著提高，生态稳定性不断增强，国家生态安全屏障体系基本建成；完成蒙古高原生物标本资源库与特有野生生物基因库及种质资源库建设，针对遗传资源与种质资源的可持续利用展开研究与示范应用；完成沙化土地和退化草原治理，荒漠化和风沙危害得到有效控制，自然生态系统稳定性和服务质量显著提升。

至2050年，蒙古高原在生态系统、物种和基因三个层次的生物多样性得到有效保护，蒙古高原生态安全屏障完成建设，特色生态文明体系全面建成，成为我国北方生态安全的"钢铁长城"，不仅服务于蒙古高原区域的健康绿色发展，也有效保障全国经济社会的发展。实现生物多样性资源的可持续利用，基于人与自然和谐共生的生态文明建设理念，积极参与全球生态环境治理，为全球土地沙化与草地退化的生态环保治理提供中国案例。

第三节　蒙古高原生物多样性保护战略任务

各领域根据自身领域全球发展的前沿趋势和科技支撑蒙古高原生态

屏障建设的需求重点，综合研判，提出三层次科技问题，并提出其组织实施的路径方案。

一、科技问题

（一）战略性重大科技问题

蒙古高原草地生态系统退化日趋严峻（Bardgett et al., 2021）。蒙古高原是北半球最大的干旱半干旱高原，同时地处中蒙俄经济走廊，是"一带一路"倡议构想的重要相关区域。21世纪以来，蒙古高原的干旱化日趋严峻，超过79%的荒漠和草原生境正在经历持续性干旱。1992年至2001年，荒漠化和土地利用使内蒙古森林覆盖率减少了3%（Guo et al., 2021）。近年来，急剧的气候变化与广泛的人类活动（包括过度放牧、人口增长、草地开垦等）已经造成了内蒙古草地资源不同程度的退化（张一心等，2014；巴达尔胡和赵和平，2010），随之而来的是一系列重大的生态环境问题，例如草地生产力下降、水土流失、风蚀沙化、生物多样性丧失等（Qi H C et al., 2024）。针对这些严重的生态环境问题，尽管我国政府已经出台了一系列治理措施，但是治理成效不显著，草地退化形势依然严峻。

生物多样性保护力度有待加大。蒙古高原丰富多样的生态系统与生物多样性依然面临着严峻的考验，例如日趋加剧的气候变化、农牧业与能源产业的发展、城市化进程的进一步推动等。未来应该制定更加科学的生物多样性保护措施，并加大对相关研究和管理的支持力度；进一步提升以国家公园为主体的自然保护地体系建设与监管能力；科学开展蒙古高原保护地效益评估，摸索建立可行的指标体系、探索评估方法；重点评估国家级自然保护区、国家森林公园、国家湿地公园、国家草地公园等保护地的生态效益和经济效益，提出针对性的保护策略及调整建议；

大力发展生物多样性友好型的农业与能源产业，减轻农牧业与能源产业的发展对生物多样性的负面影响；科学规划布局城市生态系统的景观格局，促进城市生态系统，尤其是城市公园、城市湿地等景观对生物多样性的保护作用。

（二）关键性科技问题

气候变化和人类活动的加剧对生物多样性可持续利用造成了严重威胁（Montràs-Janer et al.，2024；Wu et al.，2022）。近年来，蒙古高原的持续干旱对生物多样性产生了重大影响（Hessl et al.，2018）。生物物种的本底数据是生物多样性保护和可持续利用的重要基础，因此对蒙古高原开展系统性、针对性的生物多样性调查研究尤为必要。蒙古高原传统能源开发和新能源基地建设、道路建设等人类活动压力持续增加，对生物多样性的保护和可持续利用造成了严重威胁。人类活动直接导致了物种数量减少，多样性降低，如过度放牧破坏了草畜平衡，导致了草场退化，网围栏的大量布设缩小了野生动物的活动范围，减少了食物资源，甚至阻碍了野生动物的迁徙路径，最终导致了栖息地破碎化，物种数量和多样性降低（Bardgett et al.，2021；游章强等，2013）。

生物标本资源库是研究生物多样性的基础，也是生物多样性快速认知与有效保护的重要保障，而生物多样性基因库和种质资源库是未来区域战略发展的核心和重要基础，布局和建设蒙古高原生物标本资源库与生物基因库和种质资源库尤为重要（贺鹏等，2021）。未来需要加强蒙古高原生物遗传资源保护的基础能力建设，推动建立蒙古高原地区野生生物遗传资源国家基因库和国家种质资源库；科学促进蒙古高原特有种质资源（尤其是林草种质资源）的保护与选育，为该区域草地退化修复提供优秀的种质资源。

区域尺度生物多样性与生态系统功能和服务关系的研究需要加大力

度。区域尺度生物多样性是区域可持续发展的基础，准确掌握区域尺度生物多样性维护功能的空间格局，不仅能准确反映区域生态系统状态、变化和面临的威胁，也为区域自然保护区建设和生态安全格局构建提供了科学依据（Loreau et al., 2001）。在自然生态系统中，生物多样性及其相互关系受到环境因素及群落组成的综合影响，并受到研究尺度的制约，表现出较为复杂且不确定的关系。蒙古高原地区环境梯度差异明显，植被类型丰富，物种组成多样，包括维管植物 2619 种、脊椎动物 613 种、节肢动物 6710 种及大型真菌 1966 种（赵一之等，2020）。蒙古高原地区物种多样性的研究多集中在气候、土壤、生境异质性等环境驱动因素对生物多样性的综合影响方面，不同生物类群的相互关系研究仍然比较有限。与此同时，还没有研究较为系统地探讨区域尺度生物多样性与生态系统功能和服务的关系。

（三）基础性科技问题

基础性科技研究的重点为：开展蒙古高原生物多样性系统调查，收集生物标本资源与遗传资源，编写区域生物多样性相关志书，编制生物多样性资源目录；调查代表性生态环境资源与植被景观资源，开展资源监测与科学评价，提出科学保护与绿色恢复的框架方案，支撑区域生物多样性保护与可持续利用。针对重要生物类群的栖息地开展调查、监测与评估，构建蒙古高原野生动植物、菌物及其栖息地保护的数据信息系统与管理平台。优化整合保护栖息地，建设生态廊道，推进跨境生物多样性保护。

区域生物多样性监测网络体系缺乏科学性、完整性与代表性，需要进一步完善针对不同区域、不同生态系统、不同类群的系统性监测。监测技术手段更新不足，数据共享与应用方面相对落后。

区域生物多样性起源、分布格局与形成机制可以揭示该地区地质历史、气候环境变迁与生物多样性的整体情况。整个蒙古高原脊椎动物多样性起源和格局机制的研究尚停留在化石动物群、动物资源分布的历史变迁、脊椎动物区系组成和地理区划等层面，缺乏多样性分布格局及成因机制的研究。根据目前蒙古高原地区生物多样性本底数据和研究进展，该地区生物多样性的起源、演变历程、时空分布及与地质历史变迁的关系尚不清晰。气候变化与草地荒漠化对生物多样性形成与格局的影响也鲜有涉及。从群落水平整体评估荒漠化对蒙古高原代表生物类群分布格局的影响，并据此制定区域性精细化物种保护策略，是保障物种多样性和生态可持续性的迫切需求。

二、组织实施路径

加强蒙古高原生物多样性与生态环境资源调查，收集生物标本资源与遗传资源，编写区域生物多样性相关志书，编制生物多样性资源目录；调查代表性生态环境资源与植被景观资源，开展资源监测与科学评价，提出科学保护与绿色恢复的框架方案，支撑区域生物多样性保护与可持续利用；建设生物标本资源库、生物多样性基因库与种质资源库。

加大生态系统长期监测力度，更新监测技术与装备，加大红外相机云平台技术、无人机持续监测技术、卫星遥感和3S技术等空天地一体化技术的应用，实现不同生态系统与不同生物类群的全覆盖；完善监测数据保存与数据共享机制。加大生物多样性保护力度，更新多样性保护的基础数据和资料，发布重点保护类群多样性、分布与保护的最新信息，建立针对特定物种或特定类群的专项保护措施以及生物多样性跨境保护的实践。

继续推进以国家公园为主体的自然保护地建设和生物多样性保护重点工程的实施。运用先进技术手段，开展科学的管理保护与科研监测；

大力推进公共教育，推动生物多样性保护主流化。深入开展草地沙化与荒漠化的系统性研究，科学实施多样化的生态系统修复工程与生物多样性保护工程。系统研究区域生物多样性起源、分布格局与形成机制，以及区域尺度生物多样性与生态系统功能和服务关系，提升生物多样性保护与生态系统恢复的能力。

针对紫貂、貂熊、丹顶鹤、野马等重要物种，开展栖息地状况调查、监测与评估，建设蒙古高原野生动植物与菌物及栖息地保护数据信息系统与管理平台。针对沿着边界线分布的盘羊、北山羊、蒙古野驴、蒙原羚、雪豹等物种，开展栖息地优化整合保护，建设栖息地整体保护生态廊道，建立区域性国际合作与跨境保护机制，推进重要生物多样性资源的跨境保护。

1. 遗传层面

对物种遗传多样性的保护，以国家公园、自然保护区、禁猎区等为核心，有效保护重要的物种遗传多样性。对遗传多样性低下的关键物种进行生态走廊建设，促进群体间的基因流动，沟通割裂的小群体，最大限度地保持珍稀濒危物种的遗传多样性。

收集关键种类的遗传资源和种质资源，建立蒙古高原生物多样性基因库和种质资源库，包括建立植物种子库（孢子库、花粉库等）、动物精液库和胚胎库、各种无性繁殖体（体细胞）库等。开展低温生物学研究及低温和超低温（-196℃）长期保存种子技术的研究。对于关键物种或濒危物种的遗传多样性保护，可采取迁地保护的措施，建立珍稀野生动物繁育中心和稀有畜禽保护中心。

2. 物种层面

持续推进蒙古高原生物多样性本底调查与动态监测。完善生物多样性调查监测技术标准体系，统筹衔接各类资源调查监测工作，全面推进森林、草地、荒漠半荒漠等重点区域生态系统，珍稀濒危物种、重点保护生物物种及重要生物遗传资源调查，系统调查物种种类、分布范围、数量、质量、濒危原因、发展趋势、采取的保护措施等资源现状。充分依托现有的各级各类监测站点和监测样地（线），构建重要生物类群生态观察网络。建立反映生态环境质量的指示物种清单，开展长期监测，鼓励具备条件的地区开展周期性调查。持续推进农作物和畜禽、林草植物、药用植物、菌种等生物遗传资源和种质资源调查、生物多样性编目及数据库建设。对区域旗舰物种等进行重点观测和调查保护，并进行物种保护热点区与保护空缺识别研究。

内蒙古生态保护红线区域主要涉及基本草原、林地、水域湿地，这是构建生态安全屏障的核心区域。将大兴安岭、阴山、贺兰山等山脉，森林草原生态区、黄河、西辽河等流域，以及巴丹吉林、腾格里、浑善达克、科尔沁、呼伦贝尔等沙漠区和沙地区作为生态与生物多样性保护的重点区域，结合生物多样性热点区和保护空缺区的分布情况，对现有自然保护地进行优化，对保护价值高的非国家级保护地，可通过划入生态保护红线的方式进行保护。

完善生物多样性评估体系。建立健全生物多样性保护恢复成效、生态系统服务功能、物种资源经济价值等评估标准体系。结合区域生态状况调查评估，定期发布生物多样性综合评估报告。系统评估蒙古高原生态工程，如三北防护林、退耕还草、退耕还林、生态奖补、草畜平衡等对区域生物多样性的影响；定期评估区域资源开发利用、外来物种入侵、气候变化、自然灾害等对生物多样性保护的干扰，明确评价方式、内容、程序，及时提出有力的应对策略。

3. 生态系统层面

聚焦重大生态问题，系统研究气候变化和放牧、割草、矿山开采等人类活动干扰对蒙古高原生态环境和生物多样性的影响，并提出对策建议。过度放牧、开垦等片面追求生态系统产出的利用方式，导致草地生态系统支持和调节服务出现严重问题；不合理和高强度的草地利用方式，如开垦、过度放牧和割草等，是草地退化的最直接的人为驱动力（Du et al., 2024）。加强天然草地管理，采取休牧轮牧和合理刈割等方式，实现草畜平衡。我国天然夏季饲草量较足，但冬季饲草量往往匮乏；丰年和歉年之间饲草量差异巨大；农牧交错区的耕地退化，草场缺水；牲畜产量持续增长，但经济效益波动较大，而牧草产量急剧退化（Qiu, 2016）。可以用畜种的优化组合来调节种间相悖；以适当的牧草品种组合来适应畜群需求；以饲料轮供来调节时间相悖，即尽可能延长稳定草地供给畜群的放牧时间，调节载畜量以克服两者之间的空间相悖；按照市场需求，适时、适量地经营畜群，可以有效提高经济产出。

荒漠化治理与退化草地的修复。土地荒漠化和沙化是威胁我国生态环境安全、制约生态资源供给、阻碍社会和经济可持续发展的重大生态问题（Qi H C et al., 2024）。针对我国草地资源管理存在的现实问题，如天然草地退化严重，生产力水平低，人工草地规模小、产量低、品质差、利用年限短，草–畜产业耦合度低，肉奶的生产对耕地和进口饲草料的依存度高等，构建沙化草地生产功能与生态功能合理配置技术体系，包括：天然草地与人工草地比例及空间配置技术，根据生态优先、功能置换和因地制宜原则，确定该区域天然草地和人工草地的比例及其空间布局；根据生态位理论、物种补偿作用和植物群落演替理论，构建混播人工草地物种配置与建植技术；根据天然草地退化成因及人工草地利用类型，提出合理的退化打草场改良与生产力提升技术、沙化草地植被修复技术、盐渍化草地治理与植被修复技术等。

空天地一体化生物多样性监测预警与评估体系。蒙古高原生物多样性是我国北方生态安全屏障建设、区域经济高质量发展以及社会和谐稳定的基础。近年来，由于人为因素和气候干旱，特别是长期的过度放牧，蒙古高原生物多样性丧失严重（Liang et al., 2021）。然而，蒙古高原区域迄今尚缺乏完整的生物多样性本底信息，亟须利用红外相机定点监测与地面调查、无人机高光谱和激光雷达等近地面观测以及多源卫星遥感监测等新技术手段，构建多维度、多尺度、高频率的蒙古高原空天地一体化生物多样性预警与评估体系，从个体、群落、生态系统和景观尺度，揭示植物个体功能性状、物种分布、生态系统生产力、叶面积指数、物候动态和栖息地异质性等生物多样性关键变量及其动态变化特征，研发基于红外相机、无人机影像与动态视频的大型动物智能识别算法，实时监测群落内大型动物组成和活动规律，阐明蒙古高原生物多样性的空间格局与动态变化及其驱动因子，及时识别和监控自然干扰、人为干扰、灾害等突发事件的影响范围和强度，全面提升蒙古高原生物多样性监测与评估的跨尺度观测、多技术融合、多源数据整合等方面的技术创新与实力，实现对蒙古高原生物多样性的多尺度、高效率和高精度监测预警与评估。

基于生态系统功能的生物多样性保护系列工程建设。针对蒙古高原，在开展多个营养级（生产者、消费者、分解者）、多维度生物多样性（如物种多样性、功能多样性、遗传多样性和谱系多样性）与生态系统多功能性（如碳循环、氮循环、磷循环、水循环等）与多服务性（如供给服务、调节服务、文化服务、支持服务等）系统调查和评估的基础上，解析多维度、多营养级生物多样性对生态系统多功能性的影响，阐明生态系统多功能性在全球变化下的稳定性和抵抗力，构建基于不同利益群体（如政府机构、农牧民、环保组织等）的生态系统多服务性框架。构建基于生态系统功能和服务的生物多样性保护系列工程建设，包括构建生物多样性观测网络、完善生物多样性保护网络、强化就地保护、加强迁地保护；开展生物多样性恢复试点示范，提高生态系统服务功能；协同推动生物多样性保护与精准减贫，促进产业转型升级；加强基础能力建设，提高各级政府的生物多样性保护系统化、精细化和科学化水平。

区域生物多样性与生态环境的跨境保护。针对蒙古高原区域生物多样性格局和尺度特征，从自然保护地连通性、一体性及跨境区域生物多样性整体保护、就地保护等方面考虑，区域生物多样性与生态环境的跨境保护应通过建立跨境自然保护区、生物廊道等方式，针对边境地区的典型生态系统展开双边或多边的合作保护机制。基于生态系统恢复和珍稀濒危物种拯救两个层面，通过自然围封和植被重建的干预方式促使退化生态系统恢复，定量评估生态系统服务和生物多样性的恢复效果；通过打击捕猎、保障栖息地完整性和连通性、避免生境斑块的破碎化等途径保护珍稀濒危物种。构建蒙古高原生物多样性跨境区域保护的法律规则体系，制定生物多样性跨境区域保护的战略规划和实施方案；明确生物多样性跨境区域保护的合作范围及多层合作机制。

蒙古高原自然保护地体系规划。自然保护地不仅是生态建设的核心载体，也是展现美丽中国的重要象征，在维护国家生态安全方面居于首要地位。内蒙古高原横跨我国东北、华北和西北三大地区，以蒙古高原部分为主体，自然保护地数量多、类型丰富，但其类型、数量、规模与分布现状仍不清楚，且区域交叉、空间重叠、管理分割、孤岛化等问题严重。因此，迫切需要在查清和掌握蒙古高原现有自然保护地现状基础上，集成空天地一体化的生态系统动态监测技术体系，开展森林、草地、荒漠和湿地不同类型保护区生态系统关键变量和人类活动监测与示范，建立自然保护地生态系统组成与动态监测网络，综合评估分析现有保护地保护成效和重要保护对象分布关键区域，同时开展蒙古高原生态功能重要性和脆弱性评估，将生态功能重要、生态系统脆弱、自然生态保护空缺的区域纳入自然保护地体系，并结合国土空间规划，按照保护区域的自然属性、生态价值和管理目标进行梳理调整和归类，以国家公园为主体、自然保护区为基础、各类自然公园为补充，完善优化蒙古高原自然保护地网络。

中蒙俄跨境保护区与生态廊道规划。近年来，草原网围栏过多、过密等不合理设置以及中蒙俄边界网围栏的阻挡，对牧区野生动物的取水、觅食以及迁徙等活动造成严重不良影响，黄羊、普氏原羚等野生动物被网围栏挂死或刮伤的惨剧频发，草原围栏与野生动物之间逐渐失谐（刘丙万和蒋志刚，2002）。因此，迫切需要综合利用红外相机、卫星跟踪器、无人机航飞、卫星监测等手段，揭示野生动物"从哪里来，到哪里去"的迁徙路线，确定野生动物的迁徙规模、密度和分布规律，对迁徙路线 100 千米缓冲区开展栖息地生态健康评价和破碎化分析，构建栖息地连通性网络模型，识别关键栖息地斑块和廊道，揭示栖息地斑块和廊道之间潜在功能关系，规划黄羊、蒙古野驴、普氏原羚等蒙古高原主要野生动物空缺生态廊道的合理位置，以此构建中蒙俄跨境保护区，综合评估保护区内草原生态承载力及其变化趋势，揭示干扰野生动物迁徙的自然和人类活动因子。在此基础上，建设水、土、气、生智能化管理系统，增设饮水点，设立防疫病中心，补充人工饲料，并在水分较好区域，适当人工种植野生动物喜食的高产植物，以提升保护区生产力。

第四节　蒙古高原生物多样性保护战略保障

一、加强央地合作保障的政策建议（例如央－地政府间合作、科研机构间合作、产学研合作等）

央－地政府间合作应该加强顶层设计，推动共同建立生物多样性相关的实体研究机构或实验室；针对拟解决的关键问题，整合国内研究院所、地方高校和企业力量共同参与攻关，由地方政府具体实施；同时也可采取对口援助的方式推动合作实施。例如，中国农业科学院早在 1963 年就在内蒙古设立了草原研究所。近年来，中国农业科学院又与内蒙古自治区政府合作建立了中国农业科学院北方农牧业技术创新中心、内蒙古草业与草原研究院，并共同推动了"草地生态保护"相关的全国重点实验室的建立。虽然在蒙古高原生物多样性研究与草地生态学方面已有相关工作布局和一些有影响力的工作进展，但实体研究机构的工作还有待加强。

应该大力支持和鼓励科研机构间的深入合作，共建研发机构，共同承担重大课题，共同培养高层次人才与青年人才，必要时对科研人员可实行"双聘制"。中国科学院相关研究所和实验室有大量的杰出人才已经在内蒙古高原开展了广泛而深入的生物多样性研究工作。内蒙古的科研单位，如内蒙古大学、内蒙古农业大学、内蒙古师范大学等，也有一些生物多样性相关的研究机构、团队和基础。未来，应该建立科学有效的制度体系，促进中国科学院和内蒙古自治区共建国家级与省部级科研平台，共同推动与国家级、省部级生物多样性相关的重大科研项目的立项与实施，共同培养硕士研究生、博士研究生、青年科研人员、自治区级和国家级人才。中国科学院与内蒙古自治区应协商选聘优秀的科学家和领军人才来支援内蒙古相关科研机构的发展。

产学研合作是科研单位与企业间合作的重要模式，也是实现投资主体从政府向企业转变的重要途径，可以共建科技园，加强技术开发、技术转让、技术咨询、技术服务等，更加注重人才的实用性与实效性，加强教学－科研－生产联合。与企业合作，可以从蒙古高原实际出发，根据市场需求，发展特色产业链，提高科研成果转移转化，有效改善蒙古高原生态环境稳定性与质量，提升人民生活水平。中国科学院在生物多样性和草地生态相关方面已经具有了十分扎实的理论基础和实践经验。与此同时，内蒙古也有很多与草地生态相关的企事业单位，如蒙草生态环境（集团）股份有限公司、亿利资源集团有限公司、内蒙古生态环境大数据有限公司等。中国科学院可以与内蒙古相关企业深入开展产学研合作，从而促进中国科学院先进的草地生态与生物多样性相关理论技术和实践经验的推广。

二、加强科研投入保障的政策建议（例如经费支持方式、力度、评估方法等）

过去几十年来，我国在青藏高原与新疆地区已经开展了多次全面深入的综合科学考察行动，而处于我国北方生态安全屏障重要区域的内蒙古高原地区却没有一次类似的详尽的调查。在国家层面，包括中国科学院、科学技术部、自然资源部、生态环境部、国家林业和草原局等部门，应该针对蒙古高原生物多样性与生态资源调查研究等相关工作设立重大专项，深入开展全面系统的调查。此外，相关国家部委也可以与内蒙古自治区设立联合基金，共同资助相关项目的调查研究。

与此同时，在需要长期探索的土地沙化与草地退化治理方面，应该设立专项经费来进行持续支持，并且要稳定支持生物多样性基础研究和生物多样性长期定点观测。各部委与各级政府职能部门应加强科技投入的顶层设计和科研预算的统筹协调，避免不同来源经费的重复投入。加大以科技需求为导向评估经费投入的力度，根据实际需求评估资金的使用，保证资金安全，提高资金使用效率。近年来，内蒙古自治区各级职能部门与相关企事业单位也设立了大量的与生物多样性和生态环境调查监测相关的横向项目，未来应该进一步加强对相关横向课题的评估和审查要求，科学统筹相关项目的实施。

三、加强平台建设保障的政策建议（如平台新建及优化整合）

蒙古高原的研究机构和高校建有一些生物标本馆，但是这些标本馆的硬件条件和标本保存质量有待提升，标本馆藏及鉴定没有统一的标准，分类研究相对滞后。目前该区域的标本馆几乎没有被纳入国家生物标本资源库。建议由政府牵头，整合内蒙古科研机构与大专院校的资源建立蒙古高原生物标本资源库和野生生物基因库与种质资源库，改善硬件保存条件，与国家资源库对接，加强资源的分类与鉴定，发挥战略生物资源在生物多样性保护与生态屏障建设中的作用。

野外台站是蒙古高原生物多样性长期动态监测的基地，也是开展生物多样性系统研究的平台。目前的台站定位与运行机制可以根据区域生物多样性保护的整体目标进行调整和完善，鼓励更多科研单位和人员依托各类台站开展研究；同时建立数据共享机制，充分发挥野外台站的功能，服务于生态安全屏障建设和生物多样性保护。

四、加强数据协同保障的政策建议（如跨学科、跨领域、跨部门的数据共建共享）

跨学科、跨领域、跨部门的数据共建共享，需要顶层设计和规划，在政策的支持和允许范围内，在确保数据安全与知识产权的前提下，加大资金支持，建立统一的数据规范和监管平台，整合全国有关蒙古高原生物多样性与生态环境方面的数据，让数据更好地为区域发展服务。同时建立数据共享机制和贡献者奖励机制，促进数据的充分利用和分享。

五、加强人才资源保障的政策建议（如人才资源的培养、引进、使用等）

对于内蒙古地区人才资源的建设要采取引进和培养并举的方式。基于科技需求和学科布局，有计划、有重点地引进高层次人才和急需人才。

基于科研院所和大专院校，针对性地培养关键领域的专项人才和急需人才。同时，建立人才、智力、项目相结合的柔性引进机制，畅通人才流动渠道，通过岗位聘用、项目聘用、劳务派遣等方式，招聘或引进人才。提高人才引进福利及待遇，吸引国内外优秀人才加入。完善人才分类考核机制，激励学者潜心基础研究和原创性研究。

六、加强国际合作保障的政策建议

国际合作的动力是共同的研究需求，合作的基础是资源与信息的共享。蒙古高原问题不仅是中国的问题，还是东北亚区域环境问题，受到联合国粮食及农业组织及世界各界的关注。因此，基于蒙古高原生物多样性保护与生态环境恢复的实际需求，需要建立区域国际合作的资源、信息与成果的共享机制；建立中蒙边境地区生物多样性保护的统一协调机制，实现区域生物多样性保护的一体化。进一步深化中蒙俄等多方国际合作，设立专项基金，并依托现有的国际科技合作基地与项目，积极建设联合实验室或信息共享平台，吸引国内外相关领域学者开展合作研究。针对蒙古高原的生态环境问题，举办国际会议及专题活动，以此推动区域性的国际合作，提升我国在该领域的国际影响力。

第六章

北方防沙带生物多样性保护

北方防沙带呈细长的带状，横跨我国北部，由西至东分为三段，分别为新疆塔里木防沙带、河西走廊防沙带和内蒙古防沙带。地理坐标为71°34′23″~125°42′35″E，26°45′34″~43°53′25″N。研究区域涉及我国黑龙江、吉林、辽宁、内蒙古、陕西、甘肃、宁夏、新疆、山西、河北等省份，研究区域共涉及106个县（市），总面积达869 558.5平方千米（张燕婷，2014）。区域地处干旱半干旱地带，年降水量约300毫米，冬季漫长寒冷，夏季短促温热少雨，降水在时间尺度上分配不均，年变化率大（张照营，2017）。

北方防沙带是中国生物多样性保护的重点地区之一，有丰富的野生动植物资源（高昌源等，2020）。北方防沙带独特的地理位置和地形地貌，造就了其复杂多样的生态系统，主要包括森林、灌丛、草原与荒漠等地带性生态系统和湿地、沙地等非地带性生态系统，是我国自然生态系统类型最完整的地区之一。区域内以低植被覆盖和较低植被覆盖为主，面积分别为40.23万平方千米和17.42万平方千米，分别占区域总面积的46.28%和20.05%，连片分布于塔里木盆地的大部分地区、河西走廊的西北段和东南段以及内蒙古防沙带的西南段；其次为较高植被覆盖度和中植被覆盖度区域，面积分别为11.65万平方千米和11.63万平方千米，分别占区域总面积的13.40%和13.38%，主要分布于塔里木盆地的绿洲区、河西走廊的中部地区以及内蒙古防沙带的东北段；高植被覆盖度区域的面积最小，为5.99万平方千米，占区域总面积的6.89%，主要分布于河西走廊的中南部、内蒙古防沙带的东北部以及塔里木盆地的小部分区域，其中河西走廊和内蒙古地区的高植被覆盖度区域受降水量的地域差异影响呈带状分布，河北北部的高植被覆盖度区域呈片状分布，而塔里木盆地的则是呈点状分布（张照营，2017）。

第一节　北方防沙带生物多样性保护战略形势

一、北方防沙带生物多样性保护领域科技全球发展前沿态势

本小节首先从地球系统的整体视角，对北方防沙带生物多样性保护领域科技全球发展的共性前沿态势进行了总体研判；随后，分别从西部生态屏障不同子系统的具体视角，对北方防沙带生物多样性保护领域科技全球发展的个性前沿态势逐一进行了研判，进而从多个视角全面概括北方防沙带生物多样性保护领域科技全球发展的前沿态势。

1. 共性态势

生物多样性是地球上所有生物及其与环境形成的生态复合体以及与此相关的各种生态过程的总和，包括遗传多样性、物种多样性和生态系统多样性。生物多样性对地球系统的正常运行至关重要，同时也支撑着全人类依赖的所有尺度上的生态系统服务。生物多样性的变化对生态系统功能的影响将改变生态系统服务（如提供饮用水和粮食、气候调节、土壤肥力维护、娱乐和审美价值等）（白永飞等，2020），进而影响人类获取福利的大小。生物多样性与人类的生存和发展有着密切的关系，每个层次的生物多样性都有重要的实用价值和意义。物种多样性为人类提供了大量野生和养殖的动植物产品。遗传多样性则对培育新品种和改良老品种有着重要的作用，例如，人们可利用一些农作物的原始种、野生亲缘种和地方品种培育优质、高产和抗病的作物。生物多样性在生态系统中的最重要作用即为改善生态系统的调节能力和维持生态平衡。因此，生物多样性不仅可为人类提供丰富的自然资源，满足人类社会对食品、工业原料、能源、药物、娱乐、旅游、教育、科学研究等的直接需求，

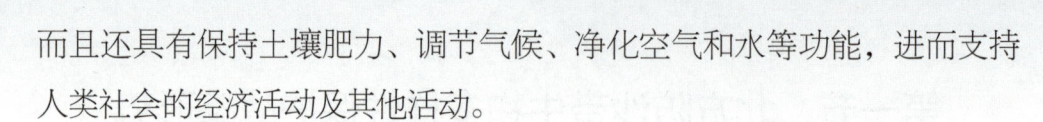

而且还具有保持土壤肥力、调节气候、净化空气和水等功能，进而支持人类社会的经济活动及其他活动。

生物多样性保护已成为国际社会的共识。1992年6月，联合国通过了《生物多样性公约》，将生物多样性保护和可持续利用作为其首要目标，生物多样性保护开始成为全球共同关注的热点问题。2002年，联合国通过了《2002—2010年生物多样性战略计划》和2010年全球生物多样性目标。然而，2010年目标却未能实现。随后，又通过了新的战略计划和2020年全球目标（也称"爱知生物多样性目标"）。2012年，《生物多样性和生态系统服务政府间科学政策平台》正式成立，体现了世界各国对生物多样性保护的高度重视。2015年，联合国通过了《2030年可持续发展议程》和可持续发展目标。生物多样性因其内在价值及其对人类福祉的贡献在可持续发展目标中占据突出地位。在国内，针对生物多样性丧失的严峻形势，2010年国务院批准发布了《中国生物多样性保护战略与行动计划（2011—2030年）》，2015年启动了《生物多样性保护重大工程实施方案（2015—2020年）》。

当前生物多样性的研究方向多集中于物种多样性的空间格局方面，包括面积与物种多样性、海拔梯度与物种多样性、纬度梯度与物种多样性、干扰与物种多样性四个方面的保护性研究。近20年，全球生物多样性研究主要包括以下几个方面：①生物多样性编目、志书和植被图的编研；②物种多样性的起源、演化和地理分布格局；③遗传多样性资源的收集、挖掘与利用；④生物多样性维持及与生态系统功能和服务的关系；⑤生物多样性的威胁因素及对全球变化的响应；⑥生物多样性与生态安全；⑦生物多样性研究平台建设。

当前国际生物多样性研究正在向综合化、网络化和功能化的方向发展，未来的国际生物多样性研究将更加重视全球变化背景下人类社会与生物多样性的相互作用，更加关注长期持续和广域覆盖的生物多样性调查与监测，更加关注先进技术在生物多样性研究和保护中的作用。

2.个性态势

目前，北方防沙带生态系统多样性研究主要涉及以下几个系统：森林生态系统、草原生态系统、荒漠生态系统、湿地生态系统（王军有等，2021）。

森林生态系统是物种最丰富、组成结构最复杂、功能最多样、适应性和稳定性最强的生态系统类型。然而，森林过度砍伐、病虫害侵袭、森林火灾频发、栖息地丧失及破碎化等因素严重威胁着森林生物多样性（张鑫和杨杰，2007）。因而，构建森林生物多样性监测网络，完善森林生物多样性调查及评估内容，明确森林生物多样性维持机制和生物多样性变化的效应，揭示气候变化和重大生态工程对森林生物多样性的影响（吴建国等，2009），阐明森林生物多样性对生态系统功能和稳定性的作用机理，提出并实施有效遏制森林生物多样性下降趋势的举措是当前森林生物多样性保护的工作重点。

草原生态系统不仅为人类的生存提供了直接或者间接的生产和生活资料，同时还能够维持生命物质的地球化学循环和水文循环、维持生物物种与遗传的多样性、净化环境、维持大气化学平衡与稳定，为人类的生产与现代文明发展提供服务。当前草原生物多样性面临着诸多威胁，包括草原退化引起的自然生境丧失与破坏，部分草原植物尤其是药用植物被乱挖滥采，外来物种入侵导致的生物多样性减少等（洪国伟，2010）。构建草原生物多样性保护网络、推进草原自然保护地建设、完善草原生物多样性调查监测评估内容、加强草原生物遗传资源的发掘、整理、评价与利用，以及评估外来物种风险并建立监测预警和防治体系是当前草原生物多样性保护的主要研究内容。

荒漠生态系统是陆地生态系统中最脆弱的系统，降水稀少、蒸发强烈。近年来，人为破坏活动如樵采、挖药、农垦、道路和城镇建设、资源开采和水资源无序超载利用等加剧了荒漠生境破碎或退化，导致荒漠植物数量减少或珍稀物种消失（黄至欢，2020）。针对荒漠植物的贫乏性、古老性和独特性等特点，制定特有种、关键种、重要的栖息地、固有物种的起源和繁殖中心等优先保护计划，在物种生境调查、引种栽培、扩繁种植基础上建立荒漠植物园，保护特有及珍稀濒危物种的遗传多样性、提高植物种分布范围和种群规模是当前荒漠生物多样性保护的关注点。

湿地生态系统可为人类提供必要的植物产品、植物副产品、药材等直接物质，又能为人类提供科研、教育、旅游、涵养水源、土壤保持、污染物降解等多种直接或间接生态服务。湿地的生物资源与其周边经济社会的发展息息相关，近年来，由于自然因素、人口增长和经济发展，湿地生物多样性保护与利用面临着物种数量减少、生境破坏和生物入侵等问题，影响因素主要包括湿地生态环境污染、外来物种入侵、自然灾害威胁、人类乱捕滥伐及资源管理不到位等。湿地生物多样性本底调查是资源有效利用、可持续发展的基础，因此它仍是湿地生态系统研究的重要内容。此外，湿地环境特征、湿地生态系统的生态功能，以及生物与非生物因子之间的相互作用关系也是湿地生物多样性保护研究的重要内容。

通过文献计量方法（严陶韬和薛建辉，2021），对 2024 年以前中国北方防沙带生物多样性研究领域 WoS 和 CNKI 数据库收录论文的数量及被引情况、载文期刊分布等进行统计分析。截至 2024 年 5 月，中国北方防沙带生物多样性研究领域共发表论文 15 845 篇，其中 WoS 收录文献 9956 篇、CNKI 收录文献 5889 篇；2000 年以前发文量增长缓慢，年均发文量不足 10 篇，2001~2010 年增速明显提升，2011 年至 2024 年发文量呈波动增长态势。WoS 文献与 CNKI 文献发文量最多的机构均为中国科学院所属相关科研院所，其次为兰州大学、北京林业大学、北京师范大学、西北农林科技大学等院校；中国、美国、德国、日本、澳大利亚和加拿大等国家在该领域发文量最多；《总环境科学》(*Science of the Total*

Environment）是该领域外文文献的重要期刊载体,《生物多样性》《生态学报》是该领域中文文献的重要期刊载体；基于 WoS 文献的研究热点为：气候、土壤等环境因子变化对物种多样性的影响以及基于微卫星分子标记技术的物种遗传多样性研究。基于 CNKI 文献的研究热点为：环境因子与群落结构的关系研究。

当前生物多样性研究涉及许多学科，具有极强的综合性，分子生物学、遗传学、分类学、生物地理学、恢复生态学、种群生态学、生态系统生态学、保护生物学，甚至一些社会学和计算机技术都在生物多样性的研究中发挥着重要作用。未来北方防沙带生物多样性研究将继续在以下几个方面开展工作：①生物多样性的调查、编目与动态监测；②物种濒危机制及保护对策的研究；③生物多样性与生态系统功能的关系；④栽培植物与家养动物及野生近缘种的遗传多样性研究；⑤人类活动对生物多样性的影响及预测；⑥生物多样性的保护与生物安全。

二、北方防沙带生物多样性保护取得的成效

本小节分别从国家（部门）层面、区域层面及中国科学院层面列举了其在北方防沙带生物多样性保护领域科技能力建设、科研任务布局、科研力量布局、平台网络建设、人才培养及国际合作等方面支撑西部重点生态屏障区建设做出的重大举措，从多方面总结了北方防沙带生物多样性保护取得的显著成效。

（一）重大举措

1. 国家（部门）层面

中国政府高度重视生物多样性保护工作，成立了中国生物多样性保护国家委员会。2010 年，为落实《生物多样性公约》及其战略计划相关

要求，进一步加强生物多样性保护工作，有效应对生物多样性保护面临的新问题、新挑战，国务院批准发布了《中国生物多样性保护战略与行动计划（2011—2030 年)》，划定了 35 个生物多样性保护优先区域，确定了生物多样性保护的 10 个优先领域及 30 个优先行动。其中，北方防沙带区域内的优先区域有 9 个：松嫩平原区、呼伦贝尔区、锡林郭勒草原区、阿尔泰山区、天山－准噶尔盆地西南缘区、塔里木河流域区、祁连山区、西鄂尔多斯－贺兰山－阴山区、太行山区（高昌源等，2020）。

2012 年 11 月召开的中国共产党第十八次全国代表大会提出了"建设美丽中国"的宏大愿景。党的十八大报告提出，"必须树立尊重自然、顺应自然、保护自然的生态文明理念，把生态文明建设放在突出地位，融入经济建设、政治建设、文化建设、社会建设各方面和全过程，努力建设美丽中国，实现中华民族永续发展"，"坚持节约资源和保护环境的基本国策，坚持节约优先、保护优先、自然恢复为主的方针，着力推进绿色发展、循环发展、低碳发展，形成节约资源和保护环境的空间格局、产业结构、生产方式、生活方式，从源头上扭转生态环境恶化趋势，为人民创造良好生产生活环境，为全球生态安全作出贡献"。2017 年 10 月，中国共产党第十九次全国代表大会对生态文明建设进行了系统总结和重点部署，梳理了五年来取得的成就，提出了一系列新理念、新目标、新要求、新部署，为提升生态文明、建设美丽中国指明了前进方向和根本遵循。中国政府站在建设生态文明和美丽中国高度提出的战略思想和战略目标，与《中国生物多样性保护战略与行动计划（2011—2030 年)》一起，勾画了较为全面的国家生物多样性保护目标体系和行动方案。

自 2015 年以来，国家先后出台了《中共中央 国务院关于加快推进生态文明建设的意见》《生态文明体制改革总体方案》《编制自然资源资产负债表试点方案》《生态环境损害赔偿制度改革方案》《国务院办公厅关于健全生态保护补偿机制的意见》《关于加强资源环境生态红线管控的指导意见》《关于划定并严守生态保护红线的若干意见》《关于设立统一规范的国家生态文明试验区的意见》《建立国家公园体制总体方案》《湿地保护修复制度方案》《关于全面推行河长制的意见》等一系列与生物多样性保护相关的政策，对全国生态文明建设和生物多样性保护进行了顶层设计和总体部署，修订了《中华人民共和国野生动物保护法》《中华人民共和国种子法》《中华人民共和国草原法》《中华人民共和国畜牧法》《中华人民共和国自然保护区条例》《中华人民共和国森林法实施条例》《中华人民共和国陆生野生动物保护实施条例》《中华人民共和国水生野生动物保护实施条例》《中华人民共和国植物新品种保护条例》等法律法规，并先后颁布《畜禽规模养殖污染防治条例》《国家级自然保护区调整管理规定》等法律法规。

国家发展和改革委员会联合相关部门发布《全国生态保护与建设规划（2013—2020年)》《耕地草原河湖休养生息规划（2016—2030年)》《西部地区重点生态区综合治理规划纲要（2012—2020年)》等。原国土资源部编制发布《国土资源"十三五"规划纲要》。原环境保护部编制发布《水质较好湖泊生态环境保护总体规划（2013—2020年)》《全国生态保护"十三五"规划纲要》，联合中国科学院发布《全国生态功能区划（修编版)》，联合原农业部和水利部发布《重点流域水生生物多样性保护方案》。原农业部编制发布《全国农作物种质资源保护与利用中长期发展规划（2015—2030年)》《全国畜禽遗传资源保护和利用"十三五"规划》《全国草原保护建设利用"十三五"规划》等。原国家林业局编制发布《全国林地保护利用规划纲要（2010—2020年)》《全国森林经营规划（2016—2050年)》《中国林业遗传资源保护与可持续利用行动计划（2015—2025年)》等，与国家发展和改革委员会及财政部联合印发《全国湿地保护"十三五"实施规划》。原国家质量监督检验检疫总局将生物多样性和物种资源保护工作纳入"十二五"规划，制定出入境物种资源检验检疫发展规划，发布《国家质量监督检验检疫总局关于加强出入境生物物种资源检验检疫工作的指导意见》。国务院印发《中医药发展战略规划纲要（2016—2030年）》，工业和信息化部、国家中医药管理局等发布《中药材保护和发展规划（2015—2020年）》等。

2021年，中共中央办公厅、国务院办公厅印发《关于进一步加强生物多样性保护的意见》，明确了新时期进一步加强生物多样性保护的新目标、新任务，为各部门、各地区开展生物多样性保护工作作出了指引。为积极推动《关于进一步加强生物多样性保护的意见》的落实和"昆蒙框架"的执行，有效应对生物多样性面临的挑战，全面提升生物多样性治理水平，2024年经国务院批准，生态环境部发布了《中国生物多样性保护战略与行动计划（2023—2030年）》，明确了新时期生物多样性保护战略部署、优先领域和优先行动，为各部门各地区推进生物多样性保护作出了指引。

在自然科技资源共享平台建设方面，安排了涉及动物、植物、微生物、林木种质资源等方面的资源调查、收集与平台建设工作。生态环境部和科学技术部实施了生物多样性保护重大工程、科技基础资源调查专项等项目，组织开展了全国重要区域、重点物种和遗传资源调查、观测与评估。科学技术部会同原环境保护部、原国家林业局等部门组织实施了"典型脆弱生态修复与保护研究"重点专项，建立了珍稀濒危植物DNA条形码鉴定平台。财政部每年通过专项转移支付资金和相关部门预算，安排国家级自然保护区、珍稀濒危野生动物保护等的经费，重点用于加强保护区建设，开展生物多样性调查、珍稀濒危野生动物保护、宣传教育和国际合作等；安排物种资源保护经费，主要支持濒危水生野生动植物保护和农业野生物种保护等。原国土资源部开展了"典型露天煤矿复垦生物多样性恢复研究"。原环境保护部围绕生物多样性保护优先区域和国家自然保护区管理等实施了多项公益科研项目。原农业部启动了农业野生植物资源保护利用和恶性外来入侵植物综合防控等技术的研究和应用示范。

国家积极履行《生物多样性公约》《名古屋议定书》《卡塔赫纳生物安全议定书》等国际公约，参加了《生物多样性公约》及其议定书历次缔约方大会，加强国际交流与合作。建立了中国–中东欧、中国–东盟等多（双）边合作机制。出台并完善了《中华人民共和国森林法》《中华人民共和国草原法》《中华人民共和国野生动物保护法》《中华人民共和国水土保持法》《中华人民共和国防沙治沙法》《中华人民共和国自然保护区条例》《退耕还林条例》等法律法规，加强基层执法队伍建设，加大执法力度，严厉打击和查处毁林毁草开荒、乱砍滥伐、乱占林地草地湿地等违法行为。充分发挥各省生态环境、环保、林业、农牧、水利、气象等行业部门及中国科学院、教育部等科研院所现有监测机构的作用，建立布局合理、密度适宜、自动化程度较高的生态监测站网，促进了信息数据共享。研究制定了区域重点生态区生态系统综合监测评估指标体系与标准规范，研发了生态系统动态监测技术以及生态工程效果评估技术，建立了数据平台和决策支持系统（魏辅文等，2021b）。

教育部支持生物多样性领域创新团队和人才建设，扩大高校专业及学科设置自主权。根据中国研究生招生信息网，全国共有相关博士学位授权一级学科点390余个、硕士学位授权一级学科点490余个，涉及近300个学位授予单位，目前已有140余所高校在一级学科下自主设置了700余个生物多样性相关二级学科。中国生物多样性相关专业培养的研究生人数逐年递增，2013年达到了10万人。近年来，国家开展了"长江学者奖励计划"等一系列重大人才计划，引进、培养了一大批生物多样性研究领域的高水平学科带头人，带动相关国家重点建设学科赶超或保持国际先进水平。

2. 区域层面

针对北方防沙带不同地区，以治理和恢复退化草地、防沙治沙为重点，实行草灌乔相结合、宜草则草、宜林则林、宜荒则荒、防治土地沙化等生态恢复举措，以期充分发挥自然生态系统的自我修复能力。

在内蒙古中东部典型草原核心区、新疆伊犁河谷等地区，优化草原管理，实施草原休牧、轮牧，在有条件的地区稳步发展牧区水利，建设节水高效灌溉饲草料地。优先实施生态补偿，推动形成生态受益地区对生态保护地区的横向补偿机制。

在内蒙古浑善达克、科尔沁和毛乌素等沙地及沙漠边缘地区，巩固现有的沙地治理工程成果，大力开展以种植沙生灌木为主要内容的"锁边"工程。继续实施草畜平衡政策，推行舍饲圈养。在生态极度恶化的草地沙化区，有计划、有步骤地实施禁牧和生态移民工作。

在内蒙古高原南缘、宁夏中部等农牧交错区，鼓励种草养畜，加强牲畜棚圈建设，推行舍饲圈养，巩固沙化草地治理成效。继续推进京津风沙源治理和"三北"防护林体系建设，继续实施湿地保护与恢复工程，加强农田林网建设和水源地水源涵养工程建设，巩固和扩大退耕还林成果。

在内蒙古西部、塔里木河荒漠化防治区等荒漠化草原和荒漠区，以自然恢复为主，大力开展沙化土地封禁保护建设，因地制宜地开展禁牧、休牧、划区轮牧和标准化舍饲养殖，适当推进人口转移，减轻草原生态压力。通过围封禁牧、飞播种草等综合措施，对严重荒漠化草场进行重点治理。积极发展沙柳、沙棘、柠条、干果等林沙产业和沙漠旅游业，实现沙漠增绿、农牧民增收、企业增效。

在宁夏黄河西岸农灌区，以及河西走廊和塔里木河上游等沙漠绿洲区，继续实施"三北"防护林体系建设等工程，保护天然植被，恢复和建设"沙漠–绿洲过渡带"与"绿色走廊"。控制人工绿洲规模，提高人工绿洲生产力。

在黄土高原南部，继续实施天然林资源保护工程，加强自然保护区建设，保护生物多样性，提高天然林的抚育、更新和森林防火水平。逐步提高公益林生态效益补偿标准，鼓励上下游地区之间横向补偿机制的实施。

在黄土高原丘陵沟壑区，重点巩固小流域水土流失综合治理成果，建设完善三道防护体系，即在塬面形成以村庄、道路为骨架，以条田为核心的田、路、堤、林网和小型水保集雨工程等相配套的塬面综合防护体系；在缓坡修建梯田，陡坡退耕还林（草），形成沟坡工程与林草措施相结合的沟坡防护体系；从上游到下游，从支毛沟到干沟，以淤地坝坝系建设为主，以沟道植树种草为辅，抬高侵蚀基点，形成沟道工程与林草措施相结合的沟道防护体系。

在宁夏东部等地区，以整合分散项目为主，进一步加大生态建设力度。建设以防风固沙为重点，人工治理与自然修复相结合，草灌乔、多林种、多树种相结合的生态防护体系。

3. 中国科学院层面

中国科学院启动战略生物资源网络专项建设，完成了植物园体系、生物标本馆、生物遗传资源库以及生物多样性监测及研究网络四个资源收集保藏平台建设，完成了植物种质资源、生物资源衍生库和天然活性化合物三个评价转化平台建设，实现了动物、植物、微生物、标本馆等资源汇聚集成的综合信息网络建设，为我国生物资源的收集、保藏、保护、利用，以及支持国民经济可持续发展发挥了重要作用。同时，通过青年人才项目、专项培训、学术会议等交流方式，在相关学科人才培养方面也发挥了重要作用。

设置了中国科学院战略性先导科技专项"泛第三极环境变化与绿色丝绸之路建设"（A类专项）及"大尺度区域生物多样性格局与生命策略"（B类专项）、中国科学院"科技服务网络计划"（STS计划）及"丝绸之路经济带资源环境承载力研究"［包括丝绸之路经济带（我国西北地区）资源环境承载力研究、西北地区生态变化综合评估、西北地区重大生态工程生态成效评估、西北地区地面–遥感数据信息平台建设等项目］等生物多样性保护相关重大项目，为北方防沙带生物多样性保护提供了科技支撑。

中国生态系统研究网络自1988年筹建以来，经过30余年的建设和发展，在北方防沙带区域已建成农田生态系统研究站3个（栾城农业生态系统试验站、临泽内陆河流域综合研究站、阿克苏水平衡试验站）、草原生态系统研究站1个（内蒙古草原生态系统定位研究站）、荒漠生态系统研究站3个（奈曼沙漠化研究站、鄂尔多斯沙地草地生态研究站、新疆阜康荒漠生态系统国家野外科学观测研究站），并形成了一个由生态站、学科分中心和综合研究中心构成的生态网络体系，已经成为我国野外科学观测、科学实验和科技示范的重要基地、人才培养基地和科普教育基地，实现了野外科学观测和试验数据的不断积累，形成了野外观测－数据观测－数据服务一体化的科学数据共享体系。

以中国科学院新疆生态与地理研究所为依托单位，成立了"丝绸之路经济带"生态建设技术示范型国际科技合作基地。2021年12月16～17日，中国科学院新疆生态与地理研究所和"一带一路"国际科学组织联盟共同举办了"干旱区生物多样性保护与可持续发展国际研讨会"。来自中国生态环境部、联合国环境规划署、联合国生物多样性公约秘书处、联合国防治荒漠化公约秘书处、联合国开发计划署、联合国教科文组织、"一带一路"国际科学组织联盟等机构的相关部门负责人及代表，与来自中国、南非、塞内加尔、毛里塔尼亚、埃塞俄比亚、美国、德国、中亚五国、波兰等十多个国家和地区的专家学者共200多人参加了会议，为北方防沙带生物多样性保护领域的国际合作提供了广泛的交流平台。

（二）已取得的总体成效

1. 初步探明研究区内生物物种多样性现状

1）动物多样性现状

北方防沙带包含较为丰富的动物多样性。其中，哺乳动物有

173种，约占我国哺乳动物总数目的25%，包括7目22科84属。其中啮齿目（Rodentia）种类最多（74种），其次为食肉目（29种）、鲸偶蹄目（Cetartiodactyla）（22种）、兔形目（Lagomorpha）（17种）、劳亚食虫目（Eulipotyphla）（14种）、翼手目（Chiroptera）（14种）、奇蹄目（Perissodactyla）（3种）。种类最多的5个科分别为仓鼠科（Circetidae）（28种）、鼠科（Muridae）（17种）、蝙蝠科（Vespertilionidae）（14种）、松鼠科（Sciuridae）（14种）、鼬科（Mustelidae）（13种）。种数最多的8个属分别为鼠兔属（*Ochotona*）（11种）、田鼠属（*Microtus*）（8种）、兔属（*Lepus*）（6种）、鼬属（*Mustela*）（5种）、鼠耳蝠属（*Myotis*）（5种）、麝鼩属（*Crocidura*）（5种）、沙鼠属（*Meriones*）（5种）、高山䶄属（*Alticola*）（5种）（阿布力米提·阿布都卡迪尔，2003；高行宜，2005；旭日干，2016a，2016b）。北方防沙带有特有哺乳动物共计15种、野外灭绝哺乳动物1种（野马）、极危哺乳动物10种[包括欧亚驼鹿（*Alces alces*）、美洲驼鹿（*Alces americanus*）、双峰驼（*Camelus bactrianus*）、野骆驼（*Camelus ferus*）、蒙原羚、普氏原羚、马麝（*Moschus chrysogaster*）、原麝（*Moschus moschiferus*）、荒漠猫（*Felis bieti*）、孟加拉虎]、濒危哺乳动物14种、易危哺乳动物12种、近危哺乳动物34种、缺乏数据的2种（蒋志刚，2021a）。其中，荒漠猫与普氏原羚为我国特有的极危哺乳动物；白唇鹿（*Przewalskium albirostris*）、伊犁鼠兔（*Ochotona iliensis*）、柯氏鼠兔（*Ochotona koslowi*）为我国特有的濒危哺乳动物。食肉目受威胁种类最多，包括极危哺乳动物2种、濒危哺乳动物11种、易危哺乳动物5种；鲸偶蹄目也有极危哺乳动物8种、濒危哺乳动物1种、易危哺乳动物3种（蒋志刚，2021a）。

北方防沙带有鸟类560种，约占我国鸟类总数目的41%，包括22目67科227属。雀形目（Passeriformes）种类最多（307种），其次为鹰形目（Accipitriformes）（35种）、鸻形目（Charadriiformes）（35种）、雁形目

（Anseriformes）（28种）、鸡形目（Galliformes）（24种）等。种类最多的5个科分别为莺鹛科（Sylviidae）（48种）、鹟科（Muscicapidae）（46种）、燕雀科（Fringillidae）（36种）、鹰科（Accipitridae）（35种）、鸭科（Anatidae）（28种）。种类最多的7个属分别为柳莺属（*Phylloscopus*）（22种）、鹀属（*Emberiza*）（18种）、鹨属（*Anthus*）（11种）、鸫属（*Turdus*）（11种）、隼属（*Falco*）（10种）、山雀属（*Parus*）（10种）、红尾鸲属（*Phoenicurus*）（10种）（旭日干，2007，2015；马鸣，2011；郑光美，2023）。该区内有特有鸟类18种、极危鸟类5种［包括青头潜鸭（*Aythya baeri*）、白鹤（*Grus leucogeranus*）、毛腿渔鸮（*Bubo blakistoni*）、白头硬尾鸭（*Oxyura leucocephala*）、黑头白鹮（*Threskiornis melanocephalus*）］、濒危鸟类18种、易危鸟类28种、近危鸟类83种、缺乏数据的11种（蒋志刚，2021b；郑光美，2023）。其中，贺兰山红尾鸲（*Phoenicurus alaschanicus*）为我国特有的濒危鸟类；白尾地鸦（*Podoces biddulphi*）、红喉雉鹑（*Tetraophasis obscurus*）为我国特有的易危鸟类。其中，雀形目受威胁种类最多，包括濒危鸟类4种、易危鸟类8种、近危鸟类23种；鹰形目有濒危鸟类3种、易危鸟类6种、近危鸟类19种；雁形目有极危鸟类2种、濒危鸟类1种、易危鸟类1种、近危鸟类5种（蒋志刚，2021b；郑光美，2023）。

该区有半翅目（Hemiptera）昆虫637种，占我国半翅目昆虫总数目的5%，包括35科301属。种类最多的5个科分别为蚜科（Aphididae）（124种）、盲蝽科（Miridae）（92种）、叶蝉科（Cicadellidae）（58种）、盾蚧科（Diaspididae）（36种）、瘿绵蚜科（Pemphigidae）（34种）。种类最多的5个属分别是蚜属（*Aphis*）（20种）、大蚜属（*Cinara*）（16种）、毛蚜属（*Chaitophorus*）（12种）、小长管蚜属（*Macrosiphoniella*）（12种）、姬蝽属（*Nabis Latreille*）（12种）（能乃扎布，1999；刘国卿和郑乐怡，2014；杨茂发，2017；乔格侠，2018；Li J J et al.，2021）。

总体来说，防沙带西部地区，尤其是新疆北部的动物多样性较高。

其中，哺乳动物种类最多的区域分别为阿勒泰地区（74种）、伊犁哈萨克斯坦自治州（61种）、昌吉回族自治州（60种）、喀什地区（59种）（阿布力米提·阿布都卡迪尔，2003；高行宜，2005；旭日干，2016a，2016b）。鸟类种类最多的区域分别为阿勒泰地区（313种）、乌鲁木齐市（306种）、昌吉回族自治州（301种）、赤峰市（297种）（旭日干，2007，2015；马鸣，2011）。半翅目昆虫种类最多的区域分别为乌鲁木齐市（129种）、呼和浩特市（87种）、伊犁哈萨克斯坦自治州（86种）、阿拉善盟（74种）（能乃扎布，1999；刘国卿和郑乐怡，2014；杨茂发，2017；乔格侠，2018；Li J J et al.，2021）。

2）植物多样性现状

北方防沙带内植物多样性比较丰富地区为贺兰山、祁连山、阿尔泰山等山地（胡天华，2004）；植物多样性很低的地区主要是南疆、内蒙古西部、甘肃西部等荒漠及荒漠化草原区（Liu et al.，2007）。在空间分布上，从东到西，依次为草甸草原、典型草原、荒漠化草原、草原化荒漠、典型荒漠。与其他陆地生态系统相比，荒漠的物种相对贫乏（刘志民和马君玲，2008）。该区植物多样性具有种类贫乏、起源古老、单型属、少型科属、孑遗植物、特有植物成分多、地理成分复杂等特征（党荣理等，2002）。根据《中国沙漠植物志》《内蒙古植物志》《新疆植物志》统计结果，分布于中国西北广阔荒漠区的植物有1000余种，以藜科植物为主，蒺藜科、柽柳科、菊科、豆科、麻黄科、蓼科、十字花科、禾本科等也占据了相当的比重。物种丰富度相对较高的阿拉善荒漠区有种子植物1091种，分属于87科377属（赵淑文和燕玲，2008）；准噶尔盆地有种子植物768种，分属于49科253属（孔晓晶，2019）；塔里木盆地有野生植物100种，分属于26科75属（王斌，2023）；新疆东部的嘎顺戈壁区系植物组成更为贫乏，在近2万平方千米的面积内总共仅有30余种植物（王健铭等，2016）。虽然植物物种丰富度不高，但却含有大量古

老子遗种类。荒漠生态系统不同区域或生境内发育了很多特有属和特有种植物（王铁娟等，2007；杨永志等，2019），且很多建群植物和优势植物大都属于白垩纪、老第三纪子遗的特有植物（通乐嘎等，2022），如荒漠生态系统特有属四合木属（*Tetraena*）、绵刺属（*Potaninia*）、革苞菊属（*Tugarinovia*）、连蕊芥属（*Synstemon*）、马尿泡属（*Przewalskia*）和百花蒿属（*Stilpnolepis*），戈壁荒漠特有属沙冬青属（*Ammopiptanthus*）和紊蒿属（*Elachanthemum*）(赵一之和曹瑞，1996），内蒙古草原和荒漠特有属沙芥属（*Pugionium*），青藏高原东北缘山地特有属黄缨菊属（*Xanthopappus*）等。

阿拉善-鄂尔多斯地区有四合木、沙冬青（*Ammopiptanthus mongolicus*）、绵刺、珍珠猪毛菜（*Salsola passerina*）、蒙古扁桃、灌木小甘菊（*Cancrinia maximowiczii*）、通天河锦鸡儿（*Caragana przewalskii*）、驼绒藜（*Cerotoides latens*）、胡杨（*Populus euphratica*）、红柳（*Tamarix ramosissima*）、梭梭（*Haloxylon ammodendron*）、木本猪毛菜（*Salsola arbuscula*）、花花柴（*Karelinia caspia*）、芨芨草（*Achnatherum splendens*）、苦豆子（*Sophora alopecuroides*）、沙蓬（*Agriophyllum squarrosum*）、盐爪爪（*Kalidium foliatum*）、马蔺（*Iris lactea*）等特有种。阿拉善地区有霸王（*Zygophyllum xanthoxylon*）、半日花（*Helianthemum songoricum*）、裸果木（*Cymnocarpos przewalskii*）、阿拉善沙拐枣（*Calligonum alaschanicum*）、阿拉善苜蓿（*Medicago alaschanica*）、阿拉善黄芪（*Astragalus alaschanus*）、甘青侧金盏花（*Adonis bobroviana*）、百花蒿（*Stilpnolepis centiflora*）和革苞菊等40余种珍稀濒危种（刘哲荣等，2018，2019）。

新疆北部分布有珍稀植物白梭梭（*Haloxylon persicum*）和梭梭。塔里木盆地山前洪积扇上分布有泡泡刺（*Nitraria sphaerocarpa*）、膜果麻黄（*Ephedra przewalskii*）、霸王，低山分布有超旱生矮半灌木合头草（*Sympegma regelii*）和戈壁藜（*Iljinia regelii*），地下水较高处有盐爪爪、盐节木（*Halocnemum strobilaceum*）、盐穗（*Halostachys caspica*）和

沙生柽柳（*Tamarix taklamakanensis*），沿河两岸分布有大面积胡杨。还有特有种长柱红砂（*Reaumuria vermiculata*）、小沙冬青（*Ammopiptanthus nanus*）、宽苞水柏枝（*Myricaria bracteata*）。柴达木盆地山前洪积扇上分布的珍稀濒危物种有膜果麻黄、梭梭，盆地内分布有沙生柽柳、盐爪爪和胡杨（Zhang et al., 2015）。柴达木盆地分布的特有种有柴达木沙拐枣（*Calligomun zaidamense*）。

3）微生物多样性现状

北方防沙带大型真菌多样性分布极不均衡（Zhou et al., 2016），在十省份 65 个自然保护区、森林公园、林场、山区和县市区等呈点状分布。内蒙古罕山国家级自然保护区和大青沟自然保护区两地多样性最高，分别有 331 种和 302 种（王雪珊等，2020），其他样点物种数均在 300 种以下；物种少于 50 种的样点包括新疆巴里坤地区（37 种）、锡林郭勒草原（36 种）、青海祁连地区（32 种），而最少的为大庆周边，仅分布有 25 种。单种科占比大，反映了生态系统的脆弱性，而特有种则反映了分布地生态环境的特殊性，大青沟自然保护区特有种最多（22 种），充分体现了该地生态环境的特殊性（Wardle and Lindahl, 2014）。

在优势科（≥ 10 种）和优势属（≥ 5 种）组成上，各个样点均不相同；但同一省份样点具有相似之处。在内蒙古自治区 15 个调查样点中，蘑菇科（Agaricaceae）、口蘑科（Tricholomataceae）和红菇科（Russulaceae）为占比最大的优势科；其中，有 9 个样点优势科包括蘑菇科，6 个样点优势科包括口蘑科，6 个样点优势科包括红菇科；其他还包括丝盖伞科（Inocybaceae）、多孔菌科（Polyporaceae）和伞菌科（Agaricaceae）等。优势属数量最多的为大青沟自然保护区和罕山国家级自然保护区，这两个自然保护区均有 17 个优势属，共有优势属为丝盖伞属（*Inocybe*）、多孔菌属（*Polyporus*）、光柄菇属（*Pluteus*）、蘑菇属（*Agaricus*）和马鞍菌属（*Helvella*）。在黑龙江省 11 个调查样点中，优势科占比排名靠前的有红菇科（9个样点）、口蘑科（7个样点），其他还有多孔菌科、丝盖伞科、丝膜菌科（Cortinariaceae）、牛肝菌科（Boletaceae）、伞菌科、小皮伞科（Marasmiaceae）、小菇科（Mycenaceae）和光柄菇科（Pluteaceae）等。黑龙江省优势属最多的调查样点是胜山国家级自然保护区（12属）（程国辉，2018），优势属为小菇属（*Mycena*）、杯伞属（*Clitocybe*）、光柄菇属和粉褶蕈属（*Entoloma*）。吉林省调查样点内优势科主要有多孔菌科、伞菌科、口蘑科、红菇科、丝膜菌科、小皮伞科、光柄菇科、球盖菇科、粉褶蕈科（Entolomataceae）、泡头菌科（Physalacriaceae）；辽宁省多孔菌科作为优势科，出现在7个样点中，此外优势科还有伞菌科、蘑菇科、口蘑科、红菇科、粉褶菌科（Entolomataceae）、光柄菇科、丝盖伞科、类脐菇科（Omphalotaceae）和球盖菇科（Strophariaceae）等；辽宁白狼山国家级自然保护区优势属数量多，包括小皮伞属（*Marasmiellus*）、蘑菇属、红菇属（*Russula*）等14属。宁夏回族自治区贺兰山大型真菌优势科为口蘑科和多孔菌科，优势属包括丝膜菌属（*Cortinarius*）、杯伞属、口蘑属（*Tricholoma*）、蘑菇属、鬼伞属（*Coprinus*）、丝盖伞属、蜡伞属（*Hygrophorus*）、小皮伞属、地星属（*Geastrum*）、马勃属（*Lycoperdon*）、多孔菌属、乳牛肝菌属（*Suillus*）、滑盖菇属（孙丽华等，2012）。甘肃省优势科为蘑菇科、口蘑科、丝膜菌科、红菇科、丝盖伞科、球盖菇科、层腹菌科（Hymenogastraceae）、小菇科等；甘肃连城国家级自然保护区的优势属数量多，为13个，包括马鞍菌属、红菇属、杯伞属、丝盖伞属和口蘑属等。新疆大型真菌优势科包括口蘑科、蘑菇科、鬼伞科、红菇科，地衣优势科有梅衣科（Parmeliaceae）、蜈蚣衣科（Physciaceae）、地卷科（Peltigeraceae）、大孢衣科（Megalosporaceae）、微孢衣科（Acarosporaceae）、石蕊科（Cladoniaceae）、茶渍科（Lecanoraceae）和胶衣科（Collemataceae）。陕西省大型真菌优势科包括口蘑科、多孔菌科、红菇科、伞菌科、牛肝菌科和马勃科（Lycoperdaceae），优势属有红菇属、小菇属、湿伞属（*Hygrocybe*）、侧耳属（*Agaricochaete*）、栓菌属（*Trametes*）、马勃属、韧革菌属（*Stereum*）、鹅膏菌属（*Amanita*）、蘑菇属和口蘑属。

北方防沙带大型真菌濒危、易危或近危等级的物种较多。参照《中国生物多样性红色名录——大型真菌卷》对北方防沙带大型真菌受威胁等级的评估结果显示，按濒危等级从低到高：达到近危等级的物种有内蒙古高格斯台罕乌拉国家级自然保护区的蛹虫草（*Cordyceps militaris*）、黑白铦囊蘑（*Melanoleuca melaleuca*），内蒙古阿尔山地区、吉林省白城地区共有的树舌灵芝（*Ganoderma applanatum*），罕山国家级自然保护区的窄褶蜡蘑（*Laccaria angustilamella*）、密枝瑚菌（*Ramaria stricta*）、杯冠瑚菌（*Artomyces pyxidatus*），黑里河国家级自然保护区的皱环球盖菇（*Stropharia rugosoannulata*），乌拉山国家森林公园的枯皮丛枝瑚（*Ramaria ephemeroderma*）、粉红枝瑚菌（樊永军和闫伟，2014），甘肃祁连山的浅黄色皱环球盖菇（桂建华，2010），以及辽宁省海棠山自然保护区的蛹虫草和黑白铦囊蘑；达到易危等级的物种有内蒙古东北部的蒙古白丽蘑（*Leucocalocybe mongolica*），内蒙古根河市的松口蘑（马敖，2019），宁夏贺兰山的冬虫夏草（*Ophiocordyceps sinensis*）；达到濒危程度的有内蒙古阿尔山地区的桦褐孔菌（*Inonotus obliquus*）和宁夏贺兰山的紊乱黑蛋巢（*Cyathus confusus*）。

北方防沙带区域大尺度上，受土壤和植被影响，土壤微生物群落的组成和分布有差异（Delgado-Baquerizo et al.，2016），但优势类群没有显著的差异。宁夏半干旱典型草原土壤中放线菌门、变形菌门、酸杆菌门和绿弯菌门是土壤细菌主要类群；青藏高原北麓河流域草甸、草原土壤细菌群落结构主要由变形菌门、放线菌门、酸杆菌门、拟杆菌门组成（朱永官等，2017）。对于土壤真菌来说，呼伦贝尔沙地土壤中主要的真菌类群有子囊菌门、接合菌门、壶菌门、担子菌门、隐真菌门和球囊菌门，其中子囊菌

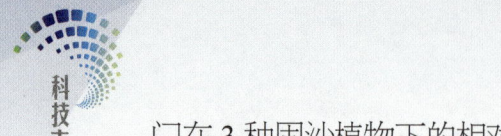

门在3种固沙植物下的相对丰度均>65%（郭米山等，2018），这与毛乌素沙地、库布其沙漠、腾格里沙漠和乌兰布和沙漠的调查结果一致。

2. 编研完成地方植物、动物、真菌志书及分布图集40余部

北方防沙带涉及区域目前已完成地方植物志16部，包括：《甘肃植物志》(2卷，2005年，种子植物)、《河北植物志》(1~3卷，1986~1991年，苔藓植物、蕨类植物和被子植物)、《黑龙江省植物志》(1卷，4~11卷，1985~2003年，苔藓植物、蕨类植物和种子植物)、《内蒙古苔藓植物志》(1卷,1997年)、《内蒙古植物志》(第一版，1~8卷，1977~1985年；第二版，1~5卷，1989~1998年，蕨类植物和种子植物)、《辽宁植物志》(上、下册，1988~1992年，蕨类植物和种子植物)、《宁夏植物志》(1~2卷，1986~2007年，蕨类植物和种子植物)、《新疆植物志》(1~2卷，4~6卷，1992~2004年，蕨类植物和种子植物)、《中国沙漠植物志》(1~3卷，1985~1992年，种子植物)、《东北木本植物图志》(1卷，1955年，种子植物)、《东北苔类植物志》(1卷，1981年)、《东北藓类植物志》(1卷，1977年)、《东北草本植物志》(1~12卷，1958~2005年，蕨类植物和种子植物)、《黄土高原植物志》(1~2卷，5卷，1989~2000年，种子植物)(马金双，1990；刘全儒等，2007，2019；马克平，2019)、《东北植物分布图集》(上、下册，2019年)、《东北森林植物原色图谱》(上、下册，2019年)。此外，吉林省和陕西省植物志编研较晚，2021年吉林省已出版《吉林省植物志》(第七卷)，《陕西植物志》已编写至第六卷。

已完成的动物志书20部，包括：《新疆啮齿动物志》(王思博和杨赣源，1983)、《新疆脊椎动物简志》(袁国映，1991)、《甘肃脊椎动物志》(王香亭，1991)、《宁夏脊椎动物志》(王香亭，1990)、《青海经济动物志》(中国科学院西北高原生物研究所，1989)、《辽宁动物志：两栖类 爬行类》(季达明，1987)、《辽宁动物志：鸟类》(黄沐朋，1989)、《辽宁动物志：兽类》(肖增祜等，1988)、《内蒙古动物志（第一~第六卷）》(旭日干，2011)、《黑

龙江省两栖爬行动物志》（赵文阁等，2008）、《河北动物志：蜘蛛类》（宋大祥等，2001）、《河北动物志：蚜虫类》（乔格侠等，2009）、《河北动物志：两栖爬行哺乳动物类》（吴跃峰等，2009）、《河北动物志：甲壳类》（宋大祥和杨思谅，2009）、《河北动物志：鱼类》（王所安等，2001）、《中国西北地区珍稀濒危动物志》（郑生武等，1994）、《中国东北地区珍稀濒危动物志》（赵正阶，1999）、《陕西啮齿动物志》（王廷正和许文贤，1993）、《北京鱼类和两栖、爬行动物志》（王鸿媛，1994）、《吉林省生物多样性：菌物志 植物志 动物志》（李玉等，2021）等。

已完成的真菌志书9部，包括：《中国林木病原腐朽菌图志》（戴玉成，2005）、《中国东北野生食药用真菌图志》（戴玉成和图力古尔，2007）、《河北省野生大型真菌原色图谱》（王立安和通占元，2011）、《辽东地区大型真菌彩色图鉴》（于晓丹等，2017）、《山西大型真菌野生资源图鉴》（潘保华，2018）、《贺兰山大型真菌图鉴》（宋刚等，2011）、《甘肃连城国家级自然保护区大型真菌图鉴》（朱学泰和蒋长生，2021）、《中国科尔沁沙地大型真菌多样性》（图力古尔，2024）、《新疆托木尔峰国家级自然保护区大型真菌图鉴》（徐彪等，2022）。

3. 所属各省份建成动植物标本馆36个、微生物菌种保藏中心6个、教育部野外科学观测研究站4个、国家野外科学观测研究站10个

根据中国数字植物标本馆（Chinese Virtual Herbarium，CVH）网站（www.cvh.org.cn）数据统计，截至2024年5月，北方防沙带所属区域内共有动植物标本馆36个，其中内蒙古11个（中国林业科学研究院沙漠林业研究中心植物标本馆、内蒙古林学院治沙系植物标本室、内蒙古农业大学植物标本馆等）、新疆14个（塔里木大学植物标本馆、新疆林业科学院标本馆、新疆农业大学植物标本馆等）、甘肃2个（河西学院农业与生物技术学院彰武标本室、甘肃省治沙研究所民勤沙生植物园标本室）、陕西1个（陕西省榆林地区治沙研究所沙地植物标本室）、河北6个（河

北农业大学植物标本室、河北农业大学林学院基础部植物标本室、河北师范大学博物馆植物标本室等）、黑龙江2个（大庆师范学院生物系植物标本室、齐齐哈尔大学生命科学与农林学院植物标本室）；区域内有微生物菌种保藏中心6个，分别设在黑龙江省科学院微生物研究所、辽宁省微生物科学研究院、中国科学院沈阳应用生态研究所、河北省科学院微生物研究所、甘肃省微生物菌种保藏中心和新疆农业科学院微生物应用研究所；设有教育部野外科学观测研究站4个，分别为塞罕坝森林草原过渡带教育部野外科学观测研究站（北京大学）、松嫩草地生态系统教育部野外科学观测研究站（东北师范大学）、典型草原生态系统教育部野外科学观测研究站（内蒙古大学）、新疆精河温带荒漠生态系统教育部野外科学观测研究站（新疆大学）；有国家野外科学观测研究站10个，其中甘肃2个（甘肃临泽农田生态系统国家野外科学观测研究站、甘肃民勤荒漠草地生态系统国家野外科学观测研究站）、河北2个（河北沽源草地生态系统国家野外科学观测研究站、河北栾城农田生态系统国家野外科学观测研究站）、内蒙古4个（内蒙古鄂尔多斯草地生态系统国家野外科学观测研究站、内蒙古呼伦贝尔草原生态系统国家野外科学观测研究站、内蒙古奈曼农田生态系统国家野外科学观测研究站、内蒙古锡林郭勒草原生态系统国家野外科学观测研究站）、陕西1个（陕西安塞农田生态系统国家野外科学观测研究站）、新疆1个（新疆阿克苏农田生态系统国家野外科学观测研究站）。

4. 建成省级及国家级自然保护区130个

根据"保护区平台"网络数据库（www.zrbhq.cn）统计结果，截至2024年5月，在北方防沙带区域内已建成省级及国家级自然保护区130个。内蒙古已建立自然保护区74个，其中国家级19个、省级55个，主要保护对象为森林、草原、湿地生态系统及珍稀野生动物；新疆已建立自然保护区14个，其中国家级9个、省级5个，主要保护对象为高原荒漠、森林、荒漠草地生态系统、珍稀动植物；甘肃已建立国家级自然保护区4个，主要保护对象为森林生态系统、湿地生态系统、荒漠生态系统、野生动物；宁夏已建立国家级自然保护区1个，主要保护对象为天然柠条母树林及沙生植被、荒漠生态系统、湿地生态系统及珍稀野生动植物；陕西已建立省级自然保护区2个，主要保护对象为臭柏林、湿地生态系统、以遗鸥为代表的珍稀濒危鸟类及红碱淖湖泊；黑龙江已建立省级自然保护区9个，主要保护对象为森林生态系统、内陆湿地生态系统、野生动植物、草原草甸；吉林已建立自然保护区6个，其中国家级5个、省级1个，主要保护对象为森林生态系统、内陆湿地生态系统、野生动物、地质遗迹；辽宁已建立自然保护区2个，其中国家级1个、省级1个，主要保护对象为沙地森林生态系统、湿地生态系统及鸟类；河北已建立自然保护区18个，其中国家级6个、省级12个，主要保护对象为森林生态系统及珍稀野生动植物、草原、湿地生态系统、稀有地质地貌等。

5. 建成植物园18个

研究区内共有植物园18个，主要发挥植物栽培研究、引种试验、森林植物引种驯化、珍稀濒危植物保护等科研、示范、科普、教学、休闲、旅游观光功能。其中：内蒙古有植物园4个（阿尔丁植物园、赤峰植物园、内蒙古磴口沙生植物园、包头市园林科技研究所树木园）；新疆有植物园5个（乌鲁木齐市植物园、塔中沙漠植物园、新疆伊犁龙坤农林开发有限公司植物园、新疆林业科学院树木园、石河子市植物园）；甘肃有植物园1个（民勤沙生植物园）；陕西有植物园3个（榆林红石峡沙地植物园、陕西榆林卧云山民办植物园、榆林黑龙潭山地树木园）；宁夏有植物园2个（宁夏银川植物园、盐池沙地旱地树木园）；黑龙江有植物园1个（八一农垦大学野生经济植物园）；河北有植物园2个（高碑店市植物园、保定市植物园）。

三、北方防沙带生物多样性保护成功案例和标志性成效

近年来,该区不断强化重要生态空间保护、大力推进森林生态系统保护和建设、全面加强草原生态系统保护、不断加大湿地生态系统保护力度、深化土地沙化荒漠化防治,不断推进生物多样性保护。经过不懈努力,区域生态状况实现了"整体遏制、局部好转"的历史性转变,荒漠化和沙化土地面积持续"双减少","四大沙漠"面积相对稳定,"四大沙地"林草盖度稳定性提高(辛良杰等,2015;刘利民等,2021)。

(一)内蒙古生物多样性保护与扶贫协调发展案例

内蒙古自治区退牧还草工程实施9年后,退牧还草工程区草地植被盖度、高度及干草产量分别提高11.95%、9.14厘米、430千克/公顷(叶晗和朱立志,2014)。鄂温克旗境休牧9年、6年、3年后,草地地上生物量分别为2116千克/公顷、1980千克/公顷、1521千克/公顷,均高于自由放牧样地1012千克/公顷(李玉洁,2013)。至第13年,杭锦旗共计实施了12期退牧还草工程项目,植被覆盖度由原来的28%提高到38%左右,植被群落高度增加5厘米,草群密度加大,草群结构得到改善(高翠玲,2018)。

根据内蒙古自治区生态环境厅(https://sthjt.nmg.gov.cn/)公布数据,截至2024年6月,内蒙古全区划定生态保护红线59.69万平方千米,约占全区总面积的50.46%,涵盖了全区64.85%的基本草原、61.22%的林地和53.39%的水域湿地,实现了一条红线管控重要生态空间的目标。区域内共建立各级各类自然保护区182个,总面积为12.67万平方千米,占全区总面积的10.71%;全区森林覆盖率达到23%,比2013年增加了1.97%,森林蓄积量达15.27亿立方米,增加了1.82亿立方米;全区草

原综合植被平均盖度达到45%，比21世纪初的30%提高了15个百分点。全区湿地总面积达到6.01万平方千米，占全国湿地面积的11.26%，位居全国第三。其中，天然湿地5.88万平方千米，占湿地总面积的97.84%；人工湿地0.13万平方千米，占湿地总面积的2.16%。在"十三五"期间，全区共完成荒漠化和沙化土地治理面积4.80万平方千米，所占比例超过全国治理任务的40%；完成营造林任务4.59万平方千米，其中重点区域绿化工程累计完成造林0.44万平方千米。社会造林亦蓬勃发展，全区义务植树约2.57亿株，"蚂蚁森林"公益造林项目完成造林100余万亩（杨爱群，2021）。

1. 因地制宜建立野生五味子种源保护基地

五味子（*Schisandra chinensis*，图6-1）种质资源遭受严重的人为干扰与破坏，亟待保护。2004年，由内蒙古吉文林业局负责，内蒙古自治区中医药研究所和内蒙古大兴安岭森林调查规划院参与，在内蒙古鄂伦春旗吉文镇境内建立了内蒙古野生五味子种源保护基地，良种繁育基地面积为485亩，设立种子园、采穗圃、优树收集区、子代测定林、良种繁育区和试验区。经过内蒙古吉文林业局多年的精心管护，基地的野生五味子种群数量显著增加，分布范围扩大，目前已成为内蒙古东部地区分布面积最大、集中连片的野生五味子种源基地，为野生五味子人工繁育提供了优良种源。目前基地技术员已熟练掌握五味子人工栽培技术，基地已扩繁至1425亩，五味子人工栽培技术包括：荒地人工搭架栽植、圃区人工搭架栽植、

图6-1 五味子（梁炜，摄于2018年9月）

在林内天然辅助木下人工栽植、荒地先栽植辅助木后第二年栽植等。年平均产干果量可达 70 公斤/亩①。

2. 内蒙古西部沙漠绿化与中药材绿色种植

内蒙古西部地区具有丰富的沙漠资源。在实施国家级重点林业生态工程的基础上，该地区不断拓展以梭梭（图 6-2）、肉苁蓉（*Cistanche deserticola*）为主的绿色种植产业，促进当地可持续发展。2014 年，阿拉善北京市企业家环保基金会（SEE 基金会）发起"一亿棵梭梭"项目，计划在阿拉善地区十年间种植 200 万亩沙漠植被，以期恢复历史上的 800 千米梭梭屏障（王晓慧，2023）。截至 2024 年 4 月，基地累计投入资金约 2616 万元，以"工程固沙+生物固沙"结合的治理模式，铺设草方格沙障 4035 亩，在阿拉善关键生态区累计种植以梭梭为代表的沙生植物 114 533 公顷②。

引进企业参与林业生态建设。内蒙古王爷地苁蓉生物有限公司在乌兰布和沙漠规划建设 30 万亩有机中药材种植基地，目前已建成 5 万亩有机认证基地③，重点发展以肉苁蓉、甘草种植为主体，以蒙古黄芪（*Astragalus membranaceus*）、锁阳（*Cynomorium songaricum*）、苦豆子、沙漠羊、沙漠鸡等为辅助的沙生中药材种植基地，创造了以"生态修复共同体+产业振兴共同体+健康养生共同体"为核心的中药材产业绿色发展模式。

国家在磴口县黄河岸边构筑起一条长 150 多千米、宽 50 米的防风固沙林带，使沙丘平均向黄河推进的速度从 2010 年的一年 12.64 米减

---

① 内蒙古大兴安岭：以野生北五味子 引领绿色产业高质量发展. http://www.isenlin.cn/sf_6306C48FB1C74F8A8CF59CBB1F0D2398_209_2E7E7325244.html[2024-06-30].

② 无"梭"不在，一路向绿 SEE 基金会 2024"一亿棵梭梭"春种进行时. https://www.jiemian.com/article/11169558.html[2024-06-30].

③ 内蒙古王爷地苁蓉生物有限公司. https://www.007swz.com/wangyedicongrong/Companyinfo.html[2024-06-30].

图 6-2　梭梭（梁炜，摄于 2023 年 7 月）

少到 2016 年的一年 1.87 米；森林覆盖率、林草覆盖率分别由 2012 年的 19.2%、27% 提高到 2016 年的 20.6%、37%；截至 2023 年底，全县沙漠治理面积预计达 370 多万亩（季敏，2018）。

根据联合国环境规划署《中国库布其生态财富评估报告》，阿拉善地区治沙几十年，使库布其沙漠绿化面积达 480 多万亩，创造生态财富 5000 多亿元，带动当地群众脱贫人数超过 10 万人，其亿利资源集团库布其沙漠生态治理区被联合国环境规划署确定为"全球沙漠生态经济示范区"。其中，库布其治沙的主力军和"领头羊"亿利集团，组建了 232 个民工联队，5820 人成为生态建设工人，带动周边 1303 户农牧民从事旅游产业，户均年收入 10 万多元，人均超过 3 万元。

3. 内蒙古科左后旗生物多样性保护与低收入人口帮扶协调发展

内蒙古自治区通辽市科左后旗地处科尔沁沙地腹地，是中国沙漠化最为严重、生态环境极其脆弱的县旗之一。2014～2020 年，科左后旗从当地实际出发，坚持生态治理同脱贫致富相统一，以沙区增绿、群众增收为主线，推动生态脆弱贫困地区扶贫开发与生态保护相协调、脱贫致富与可持续发展相促进。实现脱贫后继续坚持帮扶与生态保护相促进。

通过实施综合治沙工程，近年来按照"北禁牧、中节水、南治沙"和"四个千万亩"的生态治理统一部署，规划建设了科左后旗科尔沁沙地"双百万亩"综合治理工程，集中治理区面积达200万亩，全旗森林覆盖率达18.21%，草原植被平均盖度达69.4%。全旗土地沙化退化现象得到有效遏制，林草植被迅速恢复，生态环境明显改善，生态建设效益明显。自2014年以来，通过吸纳农牧民参与综合治沙、村屯绿化、道路绿化、高效节水等工程，低收入群众人均增收约3100元①。

加大沙化草牧场禁封力度，对重点区域全年禁牧，对封育区内疏林地段、天然更新较困难地段和林间空地面积较大地段补植樟子松容器苗和一年生色木槭（*Acer mono*），有针对性地逐步恢复草原生态环境。在大力保护生态的基础上，合理规划发展相关产业，推进种草养畜，在发展黄牛产业的同时，避免破坏天然草场；打造生态特色、民族特色旅游产品，2023年接待游客190万人次，实现旅游综合收入11.8亿元②；发展林果产业，推广蒙中药材种植产业，培育种苗花卉产业，发展光伏产业，使生态效益转化为经济效益、民生效益。

2014~2018年，科左后旗落实中共中央决策部署，在聘用生态护林员时向贫困人口倾斜，共聘生态护林员310名，按照"谁保护、谁受益"原则，每人每年发放工资1万元；同时实施考核监督制，保证护林员保护生态环境③。严格落实生态奖补政策，2014~2018年，累计发放各项

---

① 科左后旗：追青逐绿的生态实践. http://www.houqi.gov.cn/xwzx/sjmtkhq/202312/t20231213_632608.html[2024-06-30].

② 关于科左后旗2023年国民经济和社会发展计划执行情况与2024年国民经济和社会发展计划草案的报告. http://www.houqi.gov.cn/zwgk/zfxxgk/fdzdgknr/ghxx/fzgh/202403/t20240307_642583.html[2024-06-30].

③ 科左后旗：以生态发展促脱贫攻坚，实现农村增绿与农民增收双赢. http://grassland.china.com.cn/2018-08/09/content_40453545.html[2023-08-07].

国家生态奖补资金6.2亿元[①]；2020年以前贫困户利用奖补资金发展生态产业，进一步巩固深化生态保护成果。通过努力，当地生态环境明显改善，生态带动增收能力显著增强。2022年，该旗生态建设区域内植被覆盖率从不足5%提高至90%以上，新增森林活立木蓄积120万立方米[②]，形成了百万亩大林场，有效控制了风沙危害，实现了沙地增绿，生物多样性得到了有效保护。同时，生态环境建设直接促进了低收入人口收入，助力当地优化农业生产条件，促进当地可持续发展和提高人民福祉。

（二）宁夏沙湖人与自然和谐发展生物多样性保护案例

沙湖位于银川平原北部，紧邻贺兰山东麓，在发展的进程中忽视了对生态环境的保护，2016年沙湖水质达到劣V类，生物栖息地被破坏，导致各类生物明显减少。针对沙湖水体蒸发量大、补水盐分高、内源性和面源污染严重，科研人员通过深入开展科学研究，经过多番论证，提出了"外部隔离、内部循环、沉砂净化、污水外迁、生态修复、综合治理"的思路，先后投入约3.2亿元，加快生态修复工程建设，从湖泊自然演替、生态系统结构变迁及恢复等方面系统研究沙湖水质变迁规律，明确沙湖水质影响因素。宁夏回族自治区政府通过推进沙湖水体生态修复工程建设，投入运行沙湖补水预处理与湿地恢复工程、沙湖水内循环净化等项目，进而指导中国农垦集团有限公司有针对性地开展沙湖水环境综合整治工作，确保沙湖水质逐年改善。

建立起标本兼治的长效治理机制，通过采取"外部隔离、内部循环、沉砂净化、污水外迁、生态修复、综合治理"的举措，取得沙湖水

---

① 大地增绿农民增收：科左后旗生态扶贫扶出"双赢"路. http://grassland.china.com.cn/2019-07/02/content_40805966.html[2023-08-07].

② 内蒙古科左后旗：植被覆盖率90%以上"双百万亩"生态系统见成效. https://inews.nmgnews.com.cn/system/2022/06/23/013323052.shtml[2024-06-30].

质由2016年的劣Ⅴ类逐步提升至2021年1～10月平均水质Ⅲ类的阶段性成果。通过种植芦苇等水生植物，冬季及时收割清运，以生物方式降解总磷、氨氮等污染因子。常态化开展环境整治活动，引导游客保护环境，并对鸟岛区域实施游客限流措施。优化水生物，形成立体、交错、不同层次的生态链，增强水体自我净化能力。摸清沙湖水生动植物种群情况，制定以鱼改水工作方案，开展增殖放流活动，合理搭配种群结构，适度投放草鱼，科学配比投放鲢鱼、鲤鱼和鲫鱼种群数量和结构；发挥水生植物净化水质功能，合理搭配种植挺水植物、沉水植物、浮游植物，促进形成完整立体的生态链。沙湖以其良好的自然生态环境，成为众多候鸟过境宁夏时的重要栖息繁衍地，有效保护了国家Ⅰ级重点保护鸟类4种、国家Ⅱ级重点保护鸟类18种和国家Ⅱ级重点保护哺乳动物2种，《濒危野生动植物种国际贸易公约》（the Convention on International Trade in Endangered Species of Wild Fauna and Flora，CITES）保护鸟类20种、哺乳动物2种。沙湖以科技为支撑，以保护管理体系、资源保护管理、科研监测、公共教育设施建设为重点，有效保护珍稀物种资源及典型湿地生态系统，确保候鸟迁徙关键通道的畅通，保障珍稀野生动植物及其栖息地的安全，以及维护区内生物多样性的稳定，保持湿地生态系统的完整性和稳定性。

（三）新疆野生动物保护取得新成效

新疆占中国国土总面积的六分之一，分布有脊椎动物733种，其中鱼类61种、两栖爬行类49种、鸟类487种、哺乳类136种；列入国家重点保护的陆生野生动物有167种，其中国家Ⅰ级保护野生动物44种和国家Ⅱ级保护野生动物123种[①]。为了加强对野生动物的法治保障，新

---

① 厚植生态底色 守护美丽家园. https://lcj.xinjiang.gov.cn/lcj/lcdt/202212/2aba478719cc462c9a116587e463d043.shtml[2024-06-30].

疆持续推进《新疆维吾尔自治区实施〈中华人民共和国野生动物保护法〉办法》立法修订工作，完成《新疆维吾尔自治区重点保护野生动物名录》修订调整，建立了"新疆履行濒危野生动植物种国际贸易公约部门间协调小组""自治区打击走私综合治理工作领导小组""自治区打击野生动植物非法贸易部门联席会议"等制度，建立了自然保护区、湿地公园、森林公园、沙漠公园、地质公园、风景名胜区、特种水产种质资源保护区等自然保护地222处，总面积达2582万公顷。类型多样的自然保护地为新疆多种野生动物的栖息、繁衍、迁徙提供了重要的场所，实现了对国家和自治区重点保护野生动物资源的有效保护；在全疆共建立了1501个公益林管护站，天山东部国有林管理局、阿尔泰山国有林管理局、天山西部国有林管理局共建立了437个天然林管护站[①]。天保工程区和公益林管护区已成为新疆多种重点保护野生动物的重要栖息地和繁衍生息的天然场所。依托全疆各级野生动物保护管理部门、野生动物救护站、野生动物园和人工繁育场所，积极开展伤病野生动物救护工作，野生动物救护能力大幅提升。科研人员通过资源调查，基本掌握了全区珍稀濒危野生动物资源的数量、分布和保护管理状况，普氏野马（*Equus ferus*）（图6-3）、野骆驼、蒙新河狸（*Castor fiber birulai*）、雪豹、四爪陆龟（*Testudo horsfieldii*）、蒙古野驴、鹤类等一批国家重点保护野生动物得到了有效保护，雪豹、北山羊、伊犁鼠兔等珍稀濒危野生动物种群数量明显增加。

四、北方防沙带生物多样性保护尚存在的主要问题

目前，北方防沙带生物多样性保护研究已取得较大的进展，但尚存

---

① 厚植生态底色 守护美丽家园. https://lcj.xinjiang.gov.cn/lcj/lcdt/202212/2aba478719cc462c9a116587e463d043.shtml[2024-06-30].

图 6-3　普氏野马（梁炜，摄于 2023 年 7 月）

在下述问题：①生物多样性本底不够清晰，缺乏网格化本底调查数据，对区域内生物物种数量认识不足，对重要物种和种群的遗传多样性缺乏研究；②对生物多样性形成和维持机制缺乏系统认识；③生物多样性保护技术不够完备；④针对性的示范和保护地建设尚未满足现实需求；⑤针对生物多样性保护的体制机制尚不完善；⑥针对生物多样性保护的金融政策、产品和机制缺乏。

（一）生物多样性本底不够清晰

当前关于北方防沙带的生物多样性本底调查研究要么仅针对个别特殊地区，要么仅研究某些特殊物种，上一次全面的本底调查还是二十多年前的全国生物多样性调查。当前生物多样性基础性研究工作深度不够，本底调查资料不够系统、资料信息时效性不强。生物本底资源还不完全清楚，评价体系不健全（米湘成等，2021）。特别是微生物、昆虫等类群还有很多物种有待发现和研究。科研人员对区域内濒危和重要物种及其种群的遗传多样性缺乏研究，对生态系统多样性、物种资源状况不清楚，对生物多样性缺乏统一、有效、客观、公正的评价指标（任海和郭兆晖，2021）。因此，需开展全区生物多样性本底调查、监测和评估，进一步摸清生物多样性本底情况，整合优化生物多样性监测网络，加强生态保护红线、自然保护地监管，建立完善的生物多样性数据库和监管信息系统。

（二）对生物多样性形成和维持机制缺乏系统认识

对于高等植物、脊椎动物和大型真菌等生物类群而言，当前我们基本上可以回答"有什么"的问题，但是这些物种分布在哪里、生存状态如何、影响因素是什么等信息非常缺乏。这些信息又是生物多样性保护与利用的重要基础。尽管我们已经在这个方向上工作了几十年，但当前仍然需要对其加强探索。随着生物地理学、群落生态学和分子生物学的不断发展融合，一批新兴的交叉子学科，如宏观生态学、分子生态学和保护生物地理学等应运而生（黄继红和臧润国，2021）。生物多样性保护理论的研究亟须各学科的交叉融合和深入发展，但当前由于各学科发展迅速，对于生物多样性的形成和维持机制仍缺乏系统的解析（宋年铎等，2013）。同时，物种濒危理论和自然种群恢复方面尚存在许多空白，迁地保护理论与技术也亟待提升。

（三）生物多样性保护技术不够完备

无人机和遥感技术的应用，使得耗时费力的监测、人类很难或无法到达区域的监测、物种分布面积较广而不可能遍及的监测、易受人类活动影响的监测、需要长期24小时连续进行的监测等变为了可能。然而，目前本区域内的生态环境野外观测台站建设水平距离成为国家环保科技创新平台的目标尚有一定差距，缺乏统一规划和顶层设计，野外台站、监测系统分布不均匀，空间布局合理性仍需进一步论证（刘海江等，

2015）；一些野外台站观测研究基础设施差，观测研究能力弱，仍需规范数据观测技术方法和运行管理机制；人工智能的物种识别技术、生物多样性大数据深度挖掘技术等在生物多样性领域尚未发挥应有作用。此外，我国以国家公园为主体的自然保护地体系目前存在数据分散、使用方式单一及信息孤岛化等短板，尚未形成强大的大数据协同效应（汤凌等，2024）。

（四）针对性的示范和保护地建设尚未满足现实需求

伴随着大数据平台的建设和发展，植物多样性分布热点区及保护优先区的确定（Huang et al.，2016；Zhao et al.，2016；Xu et al.，2019），生态优先区的划分与确定（Ouyang et al.，2016）及其评估（Chen et al.，2020）等技术研究为中国植物多样性保护宏观规划的制定提供了重要的参考依据。自然保护区被公认为植物多样性就地保护的主体，且发挥了最主要的保护作用。一方面，针对生物多样性分布热点区的保护，当前主要采用基于现有数据层的现状分析，尚缺乏有效整合地球物理学科最新研究成果的模型模拟技术以及大数据信息处理技术等（徐海根，1998）；另一方面，针对单一物种的保护研究，涉及就地保护、迁地保护、离体保存、扩繁技术和野外回归及生境修复技术等。很多物种的保护技术的研究在某方面虽有所突破，但尚缺乏针对重要物种保护过程及生态过程的系统性保护技术体系。

（五）针对生物多样性保护的体制机制尚不完善

中国生物多样性保护的立法正在不断完善，其中多为零散地发展起来的。现行生物多样性法律仍存在立法、制度不完善的问题（于文轩，2013）。另外，目前独立法律之间的连通性和完整性尚显不足，而缺乏生物多样性保护基本法律，仍是亟待解决的关键问题。同时，现行的法律法规体系与生物多样性保护的实际需要尚存在一定差距（杨锐等，2019）。当前法律可能未得到有效执行，涉及生物多样性的案件在量刑上相对较轻，这导致了刑罚的无效性及其在社会预防方面的效果不佳（孙佑海，2019）。民众参与生物多样性保护行动的保障机制并未及时建立，由于缺乏有效的保障、监督和管理运作机制，许多企业在融资、项目运作以及实施等方面产生了一系列问题。针对公众参与生物多样性保护的法律法规建设亟待加强。

（六）针对生物多样性保护的金融政策、产品和机制缺乏

我国金融支持生物多样性保护目前仍处于起步阶段，普遍存在四大共性问题：第一，国家层面相关规范和指导不足。尽管《绿色产业指导目录》《绿色信贷指引》《绿色债券支持项目目录（2021年版）》已经纳入部分生物多样性相关内容，但仍缺乏国家层面发布的纲领性文件作指导，尚未形成评估项目生物多样性效益的指标体系，不同行业和企业之间难以形成统一的生物多样性效益标准。第二，金融机构缺乏生物多样性风险防控意识，相关金融产品不足。实现生物多样性项目的财务可持续性，还需不断创新金融产品及金融服务模式，通过生态价值实现、生态资源价格再定价等机制来反映生物多样性的生态价值。目前，我国绿色金融产品更多侧重于清洁能源、低碳减排及污染治理等领域，适用于生物多样性保护的金融产品并不是很多。第三，生物多样性风险评估方法尚不成熟。金融机构和企业均需要有效的生物多样性风险识别、评估数据和工具来帮助其识别和规避风险。第四，信息披露机制尚不完善。生物多样性风险的充分识别及客观评估高度依赖信息的准确性与完整性，但目前尚未形成规范的生物多样性信息披露流程、管理制度及共享机制（崔楚云等，2022）。

五、北方防沙带生物多样性保护的新使命新要求

（一）西部生态屏障建设对北方防沙带生物多样性保护领域科技的新使命

坚持问题导向、需求导向，梳理制约北方防沙带生物多样性保护工作的关键问题；加大生态文明领域科技创新力度，推动新技术在实际场景下的应用，不断增强科技的供给能力，释放创新活力，构建市场导向的绿色技术创新体系，促进区域生态文明建设实现新进步，取得生产生活方式绿色转型新成效，筑牢国家西部生态安全屏障；坚持山水林田湖草沙系统治理，开展生物多样性保护、生态修复和生态安全等领域技术研发及应用示范，提升生态系统质量和稳定性，提高把"绿水青山"转变为"金山银山"的能力，为落实"双碳"目标贡献科技力量。

（二）北方防沙带生物多样性保护领域科技支撑西部生态屏障建设的重大需求

科技支撑是生物多样性保护的基础。目前，北方防沙带生物多样性保护研究已取得很大的进展，但在一些关键节点上还需要更深入、全面的研究。例如，相关研究在生物种濒危理论和自然种群恢复方面还存在许多空白，迁地保护理论与技术水平亟待提升。同时，人工智能的物种识别技术、生物多样性大数据深度挖掘技术等新技术的不断涌现，为生物多样性保护和生物资源开发利用提供了新的发展机遇。

六、中国科学院在北方防沙带生物多样性保护中的重要作用

中国科学院作为国家战略科技力量，在生物物种名录编制、生物多

样性监测及资源调查、生物多样性维系机制机理研究、生物资源收集保藏及信息化建设、科技应用示范、科技评估等生物多样性领域做了大量开拓性和引领性工作，有力地支撑和服务了北方防沙带生物多样性保护各项工作，为相关决策的提出提供了科技支撑。

中国科学院生物多样性委员会（http://www.cncdiversitas.cn/）于1992年3月正式成立，由时任中国科学院副院长李振声担任主任委员，时任生物科学与技术局局长钱迎倩担任常务副主任。中国科学院于1993年创办了《生物多样性》（Chinese Biodiversity，2001年更名为 Biodiversity Science）杂志，直到今天，该杂志仍然是中国唯一的生物多样性科学的专门学术刊物。自20世纪80年代末，中国科学院的专家便开始了物种受威胁状况的评估工作，并于2004~2005年正式出版了《中国物种红色名录》三卷。20世纪90年代开始，在中国科学院重大项目和科学技术部攀登计划项目的资助下，选择关键的地区和类型开展人类活动影响下的生态系统变化与维持机制的研究，取得了良好进展（杨明等，2021）。2000年后，陆续建立了大型的野外试验平台，有力地推动了中国科学院生态系统多样性研究的发展（马克平等，2010）。

自1991年中国科学院设立生物多样性研究重大项目以来，中国科学院专家陆续主持了科学技术部和国家自然科学基金委员会的重大项目，引领中国生物多样性研究的方向。例如，中国科学院于2019年启动的"美丽中国生态文明建设科技工程"A类战略性先导科技专项，旨在贯彻落实党的十九大关于美丽中国的战略部署，为建设美丽中国提供蓝图与实施途径，其中项目八"自然保护地健康管理与生态廊道设计技术"是专门针对生物多样性保护而设立的；此外，中国科学院A类战略性先导科技专项"创建生态草牧业科技体系"也于2021年3月启动，其中项目二"天然草地恢复技术与近顶极群落构建"将为我国北方天然草地和沙地快速恢复提供系统解决方案，有助于那些因生态系统退化而丧失适宜

生境的物种实现恢复和保护。

在全国性监测与研究平台建设方面，中国科学院加强了生物多样性研究相关的基础设施和仪器设备的建设，投入巨资加强了中国科学院生物标本馆、科学植物园和野生植物种质资源库建设（娄治平等，1996；Li and Pritchard，2009；焦阳等，2019）。中国科学院主导建立的中国生物多样性监测与研究网络于 2013 年启动建设，建成了覆盖全国 30 个主点和 60 个辅点，包含针对动物、植物、微生物等多种生物类群的 10 个专项监测网和 1 个综合监测管理中心。目前，中国生物多样性监测与研究网络打造了以森林动态大样地为平台的生物多样性综合研究模式，建成了以近地面遥感、卫星追踪、分子生物学等先进技术为支撑的生物多样性网络监测体系，在森林大样地平台建设与研究、大型动物监测网络、卫星追踪鸟类迁徙等方面取得了突出的成果。未来，中国生物多样性监测与研究网络将通过核心监测点与辅助监测点结合的方式，结合地面人工观测与连续数据自动采集技术，进一步优化生物多样性监测的内容和空间布局；同时整合国内和国际生物多样性研究的技术力量，加强多物种、多营养级互作关系的研究，为我国生物多样性监测和研究发挥示范和引领作用。

第二节　北方防沙带生物多样性保护战略体系

新时期，北方防沙带生物多样性保护工作应以习近平生态文明思想为指导，践行"绿水青山就是金山银山""山水林田湖草沙是生命共同体""乡村振兴"等国家战略理念，遵循基于自然的解决方案（nature based solution，NbS），将北方防沙带生物多样性保护与中国西部生态屏障带生态保护与修复重大工程建设规划有机结合，以保护生态、改善民生为目标，以科技创新为抓手，坚持"尊重自然、科学防护""科技引领、部门协同""政府主导、社会参与""产学并举、融合发展"的基本原则，将生物多样性保护与草原、荒漠、森林生态系统维持相结合，开展生物多样性保护的基础理论及技术方法研究、生物多样性监测与示范，以及保护区建设等工作，确保重要生态系统、生物物种和遗传资源得到全面保护。

一、战略性科技方向

立足区域生态环境脆弱的实际，将生物多样性保护纳入山水林田湖草沙系统治理的框架，统筹实施一体化生态保护和修复，全面提升自然生态系统稳定性和生态服务功能；将生物多样性保护与"绿水青山就是金山银山"理念融合，以项目为依托，结合乡村振兴战略建设绿色生态村庄，打造以绿为主、多彩协调的生态景观带；坚持以自然恢复为主，生物措施与人工措施相结合，稳步推进重点生态功能区、生态脆弱区的生态系统修复，维护区域生态安全。加强可持续利用与惠益分享，统筹生物多样性保护与经济社会发展，推进北方防沙带生物多样性治理体系现代化，以高品质生态环境支撑高质量发展，加快推进人与自然和谐共生。

二、关键性科技方向

探寻气候变化及人类活动（重大生态工程、固沙造林、放牧、垦荒等）对北方防沙带生物多样性的影响机制；强化区域自然生态资源保护，构建生态廊道和生物多样性保护网络；探索生态相互作用网络对生物多样性和生态系统功能维持的作用与机制，创新和发展生物多样性保护的理论架构和途径；探讨各类自然保护地对生物多样性的影响及其机制，进一步发展和完善自然保护地理论和方法技术体系；加强区域尺度上山水林田湖草沙生命共同体内部生态系统耦合机制研究，并开发系统性恢复治理途径和技术，促进区域生物多样性的恢复和保护；大力发展特色生态优势产业，支持发展林下经济、草原生态产业，促进生态产业融合发展；发展庭院经济、生态旅游等绿色产业，拓宽生态特色产业路径。

三、基础性科技方向

建立涵盖主要生态系统类型，重点保护特有、稀有和濒危物种，具有大数据信息储备和空天地一体化监测系统的生物多样性保护机构和网络体系。大数据分析和共享数据平台的搭建是当前科学发展的趋势和方向。生物多样性监测数据信息服务共享平台的搭建有助于生物多样性数据的采集，并促进对生物多样性形成机制、变化机理的研究。未来对监测数据的管理应集成关键的生物多样性监测技术，同时整合物联网、智能技术、云计算与大数据等新一代信息技术，以全面感知、实时传送和智能在线处理为运行方式，开展多源数据的实时采集、智能化、网络化等天地一体化综合观测。

四、阶段性目标（至 2025 年，至 2035 年，至 2050 年）

至 2025 年，完成全区（尤其是生态脆弱区及热点区）生物多样性现状调查和评估，摸清生物多样性本底；健全生物多样性监测平台和网络体系；有效缓解区域内生物多样性丧失趋势；完善生物多样性保护相关政策、法规、制度和标准体系建设，实现区域内生物多样性保护与管理水平的显著提升；形成全民参与生物多样性保护的良好局面。

至2035年，对当前生物多样性监测手段、评估内容和方法、生物多样性保护对策等的先进性、合理性、布设规范性和发挥作用的效果进行评估；完成已有的自然保护区、重大生态工程对生物多样性的正负效应评估；系统总结生物多样性维持机制；完成主要生态系统类型保护方案的制定、保护技术的研发及其保护区的建设；实现特有种、关键种、重要栖息地和繁殖中心的优先保护，完善生物多样性保护网络；建成种质资源保存库及种业技术创新中心。

至2050年，实现区域内各种生态系统类型生物多样性监管与保护全覆盖，健全动物、植物、微生物的监测–研发–示范一体化的生物多样性保护科技体系。生物遗传资源获取与惠益分享、可持续利用机制全面建立，生态系统碳汇能力稳固提升，绿色发展及生活方式逐步形成，推进实现人与自然和谐共生。

第三节　北方防沙带生物多样性保护战略任务

一、科技问题

（一）战略性重大科技问题

气候变化与人类活动对生物多样性的作用机制。气候变化与人类活动共同塑造了区域生物多样性格局（何远政等，2021）。一方面，地球历史时期生物多样性对气候变化的响应研究表明，平均气候指标变化及极端气候的频率和强度的变化均会对生物多样性产生显著影响（吴建国等，2009）；另一方面，人类活动通过由土地利用方式的转变导致的栖息地损失和退化，对生物多样性产生最直接的影响，这已成为生物多样性格局发生变化的主要原因之一。了解气候变化和人类活动因素对生物多样性尤其是受威胁物种分布格局的影响，是生物多样性保护的首要任务。目前，越来越多的研究表明，生物多样性受气候变化、人类活动多种因素的共同影响，而且了解这些驱动因素之间的相互作用也至关重要（李海东和高吉喜，2020；何远政等，2021）。因此，全面评估不同因子对受威胁物种分布格局的驱动机制，模拟未来全球变化情景下受威胁物种时空分布格局，探究生物多样性格局、气候变化与人类活动间的相互作用机制和规律，对维持生态安全、气候良好和人类可持续性发展具有重要作用。

（二）关键性科技问题

重要物种生境保护对区域生物多样性保护的作用。当前保护措施大都针对物种本身，而缺乏对重要物种生境的保护。需通过建设重要物种生境保护试点，对重要物种保护过程及生态过程进行监测与研究，阐释重要物种生境保护对区域生态系统恢复的作用机制及生物多样性保护价值。

重大生态工程与生物多样性的相互作用机制。早期生态工程可能会造成部分植物受损，对生物多样性形成负面影响。需通过对"三北"防护林工程、退耕还林工程、退牧还草工程、天然林保护工程等重大生态工程的分析，探讨这些工程如何通过影响风沙过程、土壤过程、植被过程及生态水文过程来影响生物的种类和多度，评估重大生态工程对生物多样性的正面与负面影响，探究重大生态工程与生物多样性间的互作机制。

物种保护单一目标向生物多样性和生态系统服务的多重目标转变。建立自然保护地是保护生物多样性、维持生态系统服务的重要手段，但伴随着全球可持续发展目标的提出，自然保护地的保护目标逐渐由保护物种栖息地和生态系统，扩展到促进社区居民生计、提高人类福祉和缓解气候变化等多个方面。因此，需要在有限的资金和管理条件下，将生物多样性保护和生态系统服务等多种因素纳入保护地建设的考虑范围，以确保保护成效实现最大化（申宇等，2024）。

（三）基础性科技问题

区域生物多样性现状及演变趋势。需开展全区生物多样性本底调查、监测和评估，进一步摸清区域生物多样性的本底情况，整合优化生物多样性监测网络，建立完善的生物多样性数据库。构建完善的物种分子分类参考数据库是利用组学技术开展物种多样性评估的基础。目前包括DNA条形码数据库、植物叶绿体数据库、动植物线粒体数据库、物种基因组数据库、泛基因组数据库等，其数据量和物种数目都在不断增长，但受限于成本和技术因素，目前依然无法对已有物种做到均匀覆盖，通常具有较大的物种及地理偏向性。当前的DNA测序技术正朝着更长、更准确的方向不断演化，在不断更新的测序技术的帮助下，分子数据库将实现全物种和全区域的覆盖。然而，实现分子数据库全覆盖，不仅依赖于DNA测序技术的发展，海量数据的存储和检索需要计算机技术及大数据科学的同步发展，计算机技术及大数据科学在生物多样性研究中如何发挥作用是将来需面临的核心问题之一。数据库的完善和高通量测序技术的发展，使得相关的研究方法逐渐广泛地应用于群落生态学、生态网络构建、生态环境监测等相关领域，帮助我们理解生态系统中群落的构建机制、物种间的互作关系、生物多样性的形成和维持，以及生态系统的功能和服务，而其因此带来的新的样品类型的保存和处理以及数据累积、数据共享等问题，亦需要相关科研工作者通力解决（刘山林等，2022）。

二、组织实施路径

突出政府在生物多样性保护工作中的主导作用，按照中央统筹、省负总责、市县抓落实的工作机制，形成上下联动、齐抓共管的工作格局。由生态环境厅、自然资源厅、林业和草原局、国家发展和改革委员会、科学技术部等政府部门、业务部门统筹，调动科研机构、高校院所、国有企业参与生物多样性保护基础研究，整合各部门与机构力量，合作进行项目申请，制定生物多样性保护政策与实施方案，支持有条件的地区开展先行示范，探索有效模式和有益经验。完善政府主导、企业行动和公众参与的生物多样性保护长效机制，拓宽公众宣传和社会参与渠道，引导企业强化生物多样性保护意识，主动落实生物多样性保护与高质量发展的社会责任，发挥示范引领作用。各级地方人民政府建立健全生物多样性保护统筹协调机制，具体实施本地区生物多样性保护和治理工作。各成员单位加强协调配合，立足职能，制定与完善生物多样性保护与可持续利用相关配套政策制度，组织生物多样性保护战略与行动计划各项目标任务的落地执行。

（一）战略性重大科技问题方面

加强生物多样性保护、恢复、可持续利用领域基础科学研究和应用技术攻关，加强重大科技基础设施设备研发，研究实施一批前瞻性、战略性国家科技项目。构建一个基于多学科整合的保护生物学研究框架，更好地认识濒危物种分布区缩减和数量降低的种群历史原因、种群和群落生态学原因，以及由这些原因所导致的遗传格局和繁殖障碍。通过整合不同学科、不同时间尺度和不同研究层次的研究，全面揭示致濒机制，提出更加科学有效的保护对策（李小蒙等，2023）。增强生物多样性与气候变化协同治理，持续改善生态环境质量。统筹制定生物多样性适应气候变化政策框架，强化生物多样性适应气候变化支撑体系建设（李海东和高吉喜，2020）。加强重大气象灾害和气候变化对我国重要生态功能区、重要物种和脆弱生态系统的影响监测评估和预报预警。制定气候变化以及应对气候变化措施对生物多样性影响的评价技术规范，构建气候行动与生物多样性保护协同增效的技术方法和政策支撑体系。

（二）关键性科技问题方面

坚持以自然恢复为主，推进山水林田湖草沙一体化保护和系统治理，加快实施重要生态系统保护和修复的重大工程，持续推进历史遗留废弃矿山生态修复。将生物多样性影响评价纳入大型工程建设、资源开发利用等项目的管理要求，强化事前事中事后全过程监管。科学开展大规模国土绿化行动，推进防沙治沙和石漠化治理，推行草原森林河流湖泊湿地休养生息。采取近自然工程措施，开展栖息地修复和生态廊道建设，提升栖息地连通性，扩大适宜栖息地范围。依托生态空间相关监督平台加强重要生态空间动态监测、评估和预警。

（三）基础性科技问题方面

持续开展生物多样性调查、监测与评估，实施生物多样性保护重大工程，恢复重要自然生态系统和野生动植物自然生境，强化监督管理。完善生物多样性调查监测技术标准体系，推进调查监测工作标准化和规范化。充分依托现有各级各类监测站点和监测样地（线），完善生物多样性监测网络，将生物多样性纳入生态质量监测，提升自然保护地生物多样性监测平台。持续开展国家重点保护野生动植物资源调查监测，以及农作物和畜禽、水产、林草植物、药用动植物、菌种等种质资源调查，探索开展野生生物遗传多样性调查。整合建立多方合作的调查监测体系，充分调动社会力量和资本参与调查监测工作。

第四节　北方防沙带生物多样性保护战略保障

一、加强体制机制保障，完善生物多样性保护协同治理机制

借助新媒体平台，宣传北方防沙带生物多样性保护的重要性和成效，并通过科普活动向群众宣传生物多样性保护理念和法规措施；将生物多样性保护纳入各类规划和法律法规；加强北方防沙带区域内生态保护红线及自然保护地监管，严厉打击涉及野生动物的违法犯罪行为，提升生物多样性监管能力；完善就地保护体系，进一步加强迁地保护；针对由气候变化等导致的就地保护的不确定性、迁地保护居群遗传多样性的丧失、由遗传漂变导致的一系列遗传风险等问题，推进植物并地保护（parallel situ conservation）体系（冯晨等，2023）；加大对破坏生物多样性的违法活动的惩处力度；在国土空间格局优化、生态退耕、生态保护补偿机制、鼓励社会资本投入、产业融合发展以及资源利用等方面开展支持性政策，形成可复制、可推广的鼓励并支持社会资本参与的"国土综合整治＋生物多样性保护"一体化的生态修复支撑保障体系。

完善北方防沙带生物多样性保护协同治理机制，推进国家和地方层面部门间协同联动，落实管理和监督职责。建立北方防沙带区域生物多样性保护相关部门联席会议制度，强化政府机关－科研机构－科技企业协调联动，形成工作合力。协调国家层面针对北方防沙带的生物多样性保护方向与生物多样性保护措施，避免出现差异或资源分散，强化各级政府在生物多样性保护中的主导作用，鼓励科研机构、企业、社会组织和公众共同参与生物多样性的立法、管理、监督等决策过程；加大与生

物多样性保护相关的资金投入，强化各级财政资源的统筹调度和优化配置，并根据需要对生物多样性保护予以重点支持。政府应确保研发方面的投资强度，重点支撑出色的研发机构，加大对有应用前景项目的支持力度，加强产－学－研合作。调动各类金融机构的积极性，充分发挥政府引导资金的调控带动作用，引导社会资本参与生物多样性保护恢复，并积极争取国际资金支持。

二、加强生物多样性平台建设，推进生物多样性保护信息化建设

加强北方防沙带生物多样性科技基础设施建设，优化配置大型科研仪器等科研设备，完善数据中心、样本库、资源库、观测站和重点实验室等科研及转化应用平台，推动科学数据管理和资源开放共享；建立高校与科研院所资源共享平台，整合现有生物多样性保护平台的优势资源（大型科学设施、设备、仪器、科学数据、科技文献、自认科技资源等），加快实现资源的网络化与信息化，构建共享、开放、高效、体系完备的科研平台，促进协同攻关；综合集成，优化配置，减少重复购置，提高大型、贵重仪器设备的使用效率；推动优秀青年人才融入平台，提升其自主创新能力，促进科技创新平台高质量发展。

以国家项目为牵引，依托生态环境大数据平台，应用新一代信息技术，充分整合利用各级各类数据库和信息系统，加速推进北方防沙带生物多样性保护的信息化和现代化建设；加强现有生物资源库/馆整合，实现生物多样性保护信息的系统管理、集成展现和深度挖掘；建立健全北方防沙带生物多样性数据监管、融合及共享体系，推进跨地区、跨部门、跨层级的数据融合，促进社会生物多样性数据资源的上传整合，在保障信息安全的前提下有序推进生物多样性保护与生态监测数据共享；建立大数据辅助科学决策机制，研发动态监测、趋势研判、影响评估、

预测预警等功能模块，提升生物多样性精准监管、智能感知和系统治理能力，完善北方防沙带生物多样性数据库和监管信息系统；充分发挥一体化政务服务平台作用，探索建立完善的科学数据汇交、分享体系，促进大数据科研范式下重大生物多样性成果的产出。借鉴欧盟环保网络Natura 2000 站点的数据监测及公开数据平台建设经验，整合以国家公园为主体的自然保护地体系内诸多数据信息来源，搭建北方防沙带自然保护地大数据平台。建议：①率先建立服务于国家公园建设及管理的基础数据收集标准和规范，逐步完善监测和统计体系，建立北方防沙带国家公园体系基础信息数据库，服务国家公园科学研究及管理决策，并逐步推广至其他类型保护地；②打造北方防沙带自然保护地大数据平台，建立数据共享机制，通过共性数据库、专题数据集和可视化展示等形式进行数据分享，推动科学研究并支撑管理决策；③与未来自然保护地建设及管理绩效指标体系相配合，通过收集相关数据，反映保护工作进展，提高自然保护地的科学管理水平（汤凌等，2024）。

三、加强人才队伍建设，拓展国际合作网络

充分发挥北方防沙带区域内的高校和科研院所专业教育优势，推进科教结合，加强生物多样性人才培养和培训交流，有计划地选派一定数量的生物多样性保护相关区管干部到重点科研院所及高校学习深造，加大急需、紧缺技能人才的培养力度，推进生物多样性保护专家智库建设；完善人才多元化评价机制，健全高技能人才激励表彰机制，强化培训机制，开展生物多样性保护、分类、评估、科普、履约等方面人才培养与培训，开展生物多样性相关学科及师资建设；通过线上/线下交流、研修、培训、竞赛等多种方式，提高现有专业技术人员和管理人员的专业技能及管理决策水平；鼓励相关领域人才参加国（境）内外学习培训及

学术交流活动，提升其国际交流能力。

主动参与全球多边环境治理，切实履行《生物多样性公约》及其相关议定书，建立多元化合作及交流渠道，针对北方防沙带区域开展生物多样性合作项目；充分利用国内现有的生物多样性监测网络，联合国外的监测站点，积极牵头组织国际大科学计划及大科学工程；借助"一带一路"绿色发展国际联盟、全球环境基金、世界银行、亚洲开发银行、"一带一路"生态环保大数据服务平台等现有双多边环境合作机制与平台，加强北方防沙带生物多样性保护领域的双多边对话合作，推动知识、科技、信息交流及成果共享；在全球范围内开展大尺度、大空间的科学观测与研究，拓展国际合作网络，为全球生物多样性保护贡献中国智慧、提供中国方案。

四、推动生物多样性保护主流化，发挥公众和社会组织在生物多样性保护中的作用

针对北方防沙带区域内的自然保护地和生态保护红线，在评估生物多样性保护成效的同时，积极应用自然保护地效益评估工具、生态系统服务与权衡的综合评估模型等工具框架评估其经济和社会效益，在提升生物多样性与充分实现生态系统服务保护的同时，推进气候变化减缓与适应、水资源优化管理等工作，增加广泛的政策及社会支持；通过碳汇交易、生态产品交易、水补偿等相关绿色产业发展方式，建立生态产品价值实现机制，多渠道地为生物多样性就地保护、管理筹集资金；针对退化生态系统修复，在修复方案规划选址、实施、监测和评估时均纳入生物多样性的考量因素，在顺应自然的基础上构建科学修复技术体系，探索适宜范围内的生态修复试点，通过试验或模拟预测减少风险，建立监测与评估体系，持续监测生物多样性保护成效，确保修复措施不损害

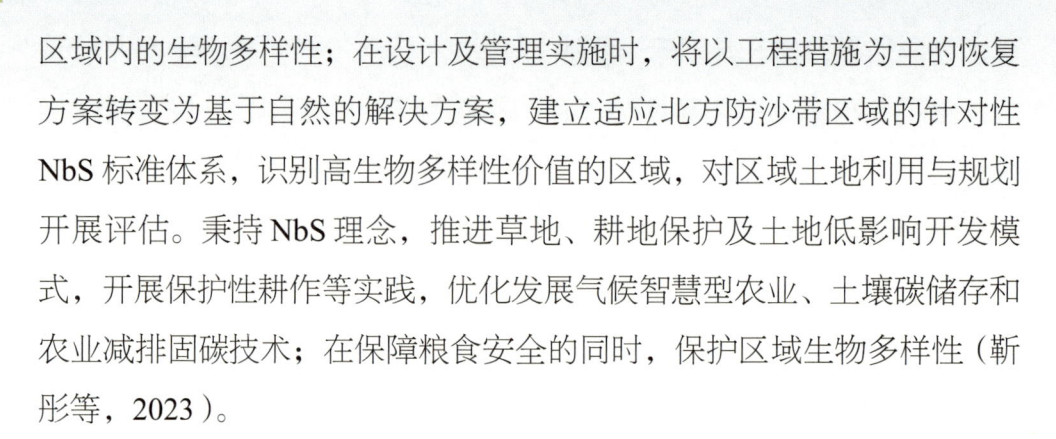

区域内的生物多样性；在设计及管理实施时，将以工程措施为主的恢复方案转变为基于自然的解决方案，建立适应北方防沙带区域的针对性NbS标准体系，识别高生物多样性价值的区域，对区域土地利用与规划开展评估。秉持NbS理念，推进草地、耕地保护及土地低影响开发模式，开展保护性耕作等实践，优化发展气候智慧型农业、土壤碳储存和农业减排固碳技术；在保障粮食安全的同时，保护区域生物多样性（靳彤等，2023）。

  公众、企业和社会组织等是开展生物多样性和生态系统保护、提升人民保护意识教育和知识传播的重要力量。本区域社会组织和公众对生物多样性保护的参与规模十分有限，公众生物多样性保护意识不强，社会资金投入薄弱，我们在这些方面均有较大的提升空间。应充分发挥新媒体、新技术及新业态优势，加大新媒体平台的推广力度，创新北方防沙带生物多样性保护宣传模式，推出生物多样性保护重点融媒科普产品，做好有关北方防沙带生物多样性保护相关法律法规、典型案例、科学知识及重大项目成果等的宣传普及工作，宣介生物多样性保护成果，提升全社会生物多样性保护意识，推动公众、企业和社会组织在生物多样性保护工作中发挥积极作用。

第七章 结语

在新的历史阶段，全球生物多样性保护依然面临严峻的挑战。过去20年间，《生物多样性公约》制定和实施了两个长期战略计划——《2002—2010年战略计划》和《2011—2020年生物多样性战略计划》及其"爱知生物多样性目标"。截至2020年，在全球层面，20个"爱知生物多样性目标"没有一个完全实现，只有6个目标部分实现。全球生物多样性丧失的趋势还没有得到根本性扭转，人类急需进一步深刻反思人与自然的关系，并且采取"变革性措施"来应对生物多样性不断恶化的全球挑战。

在工业文明的不可持续问题逐渐显现，全球可持续发展模式尚未有成功案例和成熟经验的时代背景下，习近平生态文明思想率先提出了一种新的文明形态，在辩证与实践的自然观、唯物主义的生态自然观、人与自然统一和谐的新社会三个层面上继承和发展马克思主义生态观，并结合中国的传统生态文化，形成了一套全新的人与自然关系的伟大思想。随着《绿水青山就是金山银山：中国生态文明战略与行动》《中国库布其生态财富评估报告》《共建地球生命共同体：中国在行动》等一系列国家和联合国层面的报告相继发布，"共同构建地球生命共同体""共建万物和谐的美丽家园""构建人与自然和谐共生的地球家园"等倡议的全球影响力日益强化，习近平生态文明思想已经成为与联合国可持续发展目标高度契合，并且引领全球的新型的全球环境治理和绿色发展的理念。

近年来，我国在生物多样性领域的研究快速发展，不仅已在生物多样性志书编研、生物多样性起源与演化、生物多样性维持机制及与生态系统功能和服务的关系、生物多样性威胁因素及对全球变化的响应、生物多样性与生态安全，以及生物多样性研究平台建设等方面取得了长足进步，而且未来还将在青藏高原及邻近地区的生物多样性、人类活动对我国亚热带森林生物多样性的影响、海洋生物多样性研究、平衡生物多样性保护与社会经济的发展等重点领域加大研究力度，更为重要的是，在全球生物多样性保护的科技发展过程中，我国用20多年的时间，实现了从"跟跑"到"并跑"，并在部分领域"领跑"全球的深度转变。

当前，全球生物多样性依然处在持续下降的危机和困局中，生物多样性保护依然面临着严峻的挑战。中国是生物多样性大国，中国西部区域生物多样性高度富集，且生物区系成分复杂，是生物多样性演化的"摇篮"。丰富的生物多样性是维持区域生态系统健康和生态系统服务供给的重要基础，对确保我国生态安全和社会及经济可持续发展具有重要的战略意义。

尽管西部分布有超大型自然保护区群，但其保护地体系空间布局仍不合理，关键生物多样性区域被保护的比例较低，存在大量保护空缺，一些珍稀濒危物种的栖息地仍未得到有效保护；由于地形复杂和交通困难等问题，西部仍然存在很多调查薄弱甚至空白区域。如何建立系统的就地和迁地相结合的保护体系，仍是西部生态屏障建设需要重点解决的战略性科技问题。

本书结合国际生物多样性保护领域前沿发展趋势，系统全面地分析了西部地区生物多样性保护成效和存在问题，提出了生物多样性领域科技支撑我国西部生态屏障建设的新使命新要求，即以习近平生态文明思想为统领，梳理制约西部生态屏障区生物多样性保护工作的关键问题，坚持"绿水青山就是金山银山"的理念，坚持山水林田湖草沙冰一体化保护和系统综合治理，坚决筑牢国家西部生态安全屏障，全力打造人与自然生命共同体新高地，携手共建和谐共生的美好家园。

本书就西部地区生物多样性保护提出了3个战略性重大任务、6个关键性科技任务和4个基础性科技任务，为未来我国西部地区的生物多样性保护研究工作指明了方向，也为未来我国西部地区生物多样性保护确定了"现在到2025年"、"2025~2035年"和"2035~2050年""三步走"的发展战略。

相信到 21 世纪中叶，经过全国人民的不懈努力，作为习近平生态文明思想理念倡导者、实践引领者和全球治理推动者，中国将通过示范、引领一系列的生物多样性保护行动，推动全球的生物多样性保护，为人类生命共同体建设做出重大贡献。

参考文献

阿布力米提·阿布都卡迪尔 . 2003. 新疆哺乳动物的分类与分布 . 北京 : 科学出版社 .

安克丽 , 张月妮 , 刘颖 , 等 . 2023. 黄土高原自然保护区建设与生境保护成效研究 . 陕西林业科技 , 51(6): 8-17.

巴达尔胡 , 赵和平 . 2010. 内蒙古草地退化与治理对策 . 畜牧与饲料科学 , 31: 258-261.

白超 , 王刚 , 刘彤 . 2023. 延安市安塞区黄土高原山水林田湖草生态保护修复试点工程南沟–魏塔片区综合治理项目设计 . 陕西水利 , (12): 114-116.

白敬 , 张丽红 . 2010. 乌梁素海湿地鸟类资源保护成效显著 . 中国林业 , (13): 36.

白永飞 , 赵玉金 , 王扬 , 等 . 2020. 中国北方草地生态系统服务评估和功能区划助力生态安全屏障建设 . 中国科学院院刊 , 35(6): 675-689.

常钦 . 2022. 让植物宝库绽放更多光彩 . https://www.forestry.gov.cn/c/www/xxyd/17307.jhtml[2022-04-28].

常媛媛 . 2023. 黄土高原露天煤矿区排土场土壤–植被系统恢复力及其权衡研究 . 徐州 : 中国矿业大学 .

陈文婧 , 胡媛媛 , 杨贵生 , 等 . 2018. 乌梁素海湿地鸟类新记录 . 内蒙古林业 , (6): 21-22.

程国辉 . 2018. 黑龙江省胜山国家级自然保护区大型真菌多样性研究 . 长春 : 吉林农业大学 .

程楠 . 2023. 寻豹子午岭 . 新华每日电讯 . https://www.news.cn/mrdx/2023-03/05/c_1310701471.htm[2024-03-08].

崔楚云 , 侯一蕾 , 王天一 , 等 . 2022. 金融支持生物多样性保护 : 全球实践及政策启示 . 生物多样性 , 30 (11): 49-59.

戴玉成 . 2005. 中国林木病原腐朽菌图志 . 北京 : 科学出版社 .

戴玉成 , 图力古尔 . 2007. 中国东北野生食药用真菌图志 . 北京 : 科学出版社 .

党荣理 , 潘晓玲 , 顾雪峰 . 2002. 西北干旱荒漠区植物属的区系分析 . 广西植物 , 22(2): 121-128.

邓蕾 , 王凯博 , 汪晓珍 , 等 . 2024. 黄河流域–黄土高原水土保持与高质量发展 : 成效、问题与对策 . 河南师范大学学报 (自然科学版), 52(1): 1-7.

邓声文 , 胡进霞 , 郑洲翔 . 2014. 惠州创建国家森林城市中生物多样性保护的途径与策略 . 中国城市林业 , (6): 14-16.

邓晓红 , 张巧丽 , 刘文强 , 等 . 2020. 乌梁素海水生生物多样性调查及分析 . 内蒙古林业 , (10): 37-38.

董雪蕊 . 2020. 利用物种分布模型进行黄土高原木本植物多样性格局研究 . 太原：山西大学 .
樊璐 . 2006. 西安植物园稀有濒危植物的迁地保护 // 中国植物学会，中国昆虫学会，中国环境科学学会，等 . 第六届生物多样性保护与利用高新科学技术国际研讨会 . 北京 .
樊永军，闫伟 . 2014. 乌拉山国家森林公园大型真菌区系地理成分 . 东北林业大学学报，42(3)：139-140, 147.
范敏，卢奕曈，王照华，等 . 2022. 浑善达克沙地中部斑块格局影响植物多样性及功能性状 . 植物生态学报，46: 51-61.
冯晨，张洁，黄宏文 . 2023. 统筹植物就地保护与迁地保护的解决方案：植物并地保护 (parallel situ conservation). 生物多样性，31(9): 38-48.
冯丽妃 . 2021a. 魏辅文：中国正在成为生物多样性保护引领者 . https://www.cas.cn/zjs/202110/t20211018_4809853.shtml[2022-10-17].
冯丽妃 . 2021b. 生物多样性保护"这盘棋"，科技国家队这样下 . 中国科学报，001.
傅伯杰，欧阳志云，施鹏，等 . 2021. 青藏高原生态安全屏障状况与保护对策 . 中国科学院院刊，36 (11): 1298-1306.
高昌源，付保荣，李晓军，等 . 2020. 辽宁省生物多样性保护优先区识别 . 应用生态学报，31(5): 1673-1681.
高翠玲 . 2018. 内蒙古杭锦旗退牧还草工程问题研究 . 内蒙古农业大学学报（社会科学版），20(1): 49-53.
高行宜 . 2005. 新疆脊椎动物种和亚种分类与分布名录 . 乌鲁木齐：新疆科学技术出版社 .
桂建华 . 2010. 祁连山自然保护区大型真菌资源调查研究 . 兰州：甘肃农业大学 .
郭米山，高广磊，丁国栋，等 . 2018. 呼伦贝尔沙地樟子松外生菌根真菌多样性 . 菌物学报，37(9): 1133-1142.
郭晓思，黎斌，李军超 . 2005. 黄土高原蕨类植物区系特点的初步研究 . 西北植物学报，(7): 1446-1451.
何远政，黄文达，赵昕，等 . 2021. 气候变化对植物多样性的影响研究综述 . 中国沙漠，41(1): 59-66.
贺鹏，陈军，孔宏智，等 . 2021. 生物样本：生物多样性研究与保护的重要支撑 . 中国科学院院刊，36: 425-435.
洪国伟 . 2010. 论生物多样性减少的原因及其保护策略 . 安徽农学通报（下半月刊），16(2): 47-49.
胡天华 . 2004. 贺兰山的自然资源 . 国土与自然资源研究，1: 80-81.
黄宏文 . 2018. "艺术的外貌、科学的内涵、使命的担当"——植物园500年来的科研与社会功能变迁（二）：科学的内涵 . 生物多样性，26(3): 304-314.
黄继红，臧润国 . 2021. 中国植物多样性保护现状与展望 . 陆地生态系统与保护学报，1(1): 66-74.
黄陵台，刘青，曹海军，等 . 2018. 金钱豹最爱的地方 黄土高原腹地的人文生态宝库 . 陕西广电融媒体集团（陕西广播电视台）新闻中心 .
黄沐朋 . 1989. 辽宁动物志：鸟类 . 沈阳：辽宁科学技术出版社 .
黄至欢 . 2020. 中国珍稀植物濒危原因及保护对策研究进展 . 南华大学学报（自然科学版），

34(3): 42-50.

黄自强. 2004. 黄河流域水保生态修复实践及思考. 中国水利, (14): 10-12.

季达明. 1987. 辽宁动物志：两栖类 爬行类. 沈阳：辽宁科学技术出版社.

季敏. 2018. 文旅融合 助力磴口绿色崛起. 巴彦淖尔日报, 2018-09-06(2).

贾生平, 陈永锋, 赵罡. 2021. 子午岭档案. 中国绿色时报, 03.

江建平, 蔡波, 王斌, 等. 2023. 中国脊椎动物2022年度新增物种报告. 生物多样性, 31(10): 17-22.

蒋志刚. 2021a. 中国生物多样性红色名录：脊椎动物·第一卷, 哺乳动物. 北京：科学出版社.

蒋志刚. 2021b. 中国生物多样性红色名录：脊椎动物·第二卷, 鸟类. 北京：科学出版社.

焦阳, 邵云云, 廖景平, 等. 2019. 中国植物园现状及未来发展策略. 中国科学院院刊, 34(12): 1351-1358.

揭志良, 毕俊怀, 何志超, 等. 2016. 蒙古野驴的繁殖行为观察. 动物学杂志, 51: 717-723.

金江波, 王俊峰, 蔡润丰. 2023. 环保监测应急系统的发展与运用研究. 皮革制作与环保科技, 4(15): 145-147.

金钊. 2022. 黄土高原小流域退耕还林还草的生态水文效应与可持续性. 地球环境学报, 13(2): 121-131.

靳彤, 彭昀月, 曾丽诗, 等. 2023. 基于自然的解决方案：推动生物多样性保护主流化. 自然保护地, 3(3): 35-44.

菊花. 2019. 蒙古高原上的"森林岛"——大青山生物多样性. 内蒙古林业, (2): 39-40.

柯讯. 2021-09-23. "科技支撑中国西部生态屏障建设战略研究"重大咨询项目启动会举行. 中国科学报, 001.

科学传播局标本馆科普网络委员会. 2022. 中国科学院生物标本馆精品集萃. 北京：北京出版社.

孔彬彬, 卫欣华, 杜家丽, 等. 2016. 刈割和施肥对高寒草甸物种多样性和功能多样性时间动态及其关系的影响. 植物生态学报, 40: 187-199.

孔晓晶. 2019. 准噶尔盆地荒漠植物区系及植被图绘制的初步研究. 乌鲁木齐：新疆农业大学.

蒯新元. 2024. 青藏高原网格化植物调查体系研发、数据集成与应用. 昆明：云南大学.

李成. 2010. 内蒙古达乌尔国际自然保护区两栖爬行动物调查. 四川动物, 29: 646-648.

李登武, 党坤良, 温仲明, 等. 2004. 黄土高原地区种子植物区系中的珍稀濒危植物研究. 西北植物学报, (12): 2321-2328.

李刚. 2007. 内蒙古河套灌区节水对乌梁素海的影响研究. 北京：中国农业科学院.

李海东, 高吉喜. 2020. 生物多样性保护适应气候变化的管理策略. 生态学报, 40(11): 3844-3850.

李惠茹, 严靖, 杜诚, 等. 2022. 中国外来植物入侵风险评估研究. 生态学报, 42: 6451-6463.

李俊生, 罗建武, 王伟, 等. 2014. 中国自然保护区绿皮书：国家级自然保护区发展报告（2014）. 北京：中国环境出版社.

李龙龙. 2024. 高速公路绿化设计与生态环境保护研究. 智能建筑与智慧城市, (2): 132-134.

李文华, 赵鹏博, 李怀有, 等. 2024. 黄土高原典型区域高塬沟壑区水土流失综合治理探讨. 中国水土保持, (3): 46-50.

李小蒙, 廖万金, 朱璧如. 2023. 多学科整合在生物多样性保护研究中的意义. 北京师范大学学报(自然科学版), 59(4): 592-597.

李玉, 王琦, 刘朴. 2021. 吉林省生物资源多样性: 动物志 植物志 菌物志(第一辑). 长春: 吉林教育出版社.

李玉洁. 2013. 休牧对贝加尔针茅草原群落植物多样性和有机碳储量的影响. 沈阳: 沈阳农业大学.

李泽国, 郑德凤. 2024. 黄土高原近30年降水集中度分析及时空演变特征. 绿色科技, 26(2): 73-77.

李志刚, 梁存柱, 王炜, 等. 2012. 贺兰山植物区系的特有性. 内蒙古大学学报(自然科学版), 43: 630-638.

梁亮. 2021. 内蒙古: 加强生物多样性保护 提升全区生态系统质量. https://www.gov.cn/xinwen/2021-05/28/content_5613394.htm[2024-07-19].

灵燕. 2018. 内蒙古乌梁素海非雀形目鸟类时空分布特征及保护管理研究. 呼和浩特: 内蒙古师范大学.

刘丙万, 蒋志刚. 2002. 青海湖草原围栏对植物群落的影响兼论濒危动物普氏原羚的保护. 生物多样性, 10(3): 326-331.

刘付宾, 黄师梅, 谢建冲, 等. 2023. 内蒙古贺兰山冬春季岩羊种群现状及保护. 生态学报, 43: 5829-5839.

刘国卿, 郑乐怡. 2014. 中国动物志: 昆虫纲 第六十二卷 半翅目 盲蝽科（二）合垫盲蝽亚科. 北京: 科学出版社.

刘海江, 齐杨, 孙聪, 等. 2015. 对国家环境保护野外观测研究站建设的几点思考. 中国环境监测, 31(2): 141-147.

刘纪远, 齐永青, 师华定, 等. 2007. 蒙古高原塔里亚特－锡林郭勒样带土壤风蚀速率的137Cs示踪分析. 科学通报, 52(23): 2785-2791.

刘丽洁, 张静, 菅凯敏, 等. 2023. 内蒙古自然保护地建设概述. 内蒙古林业, (10): 29-30.

刘利民, 王婷婷, 李秀芬, 等. 2021. 近15年内蒙古防沙带防风固沙功能时空变化特征. 生态学杂志, 40(11): 3436-3447.

刘全儒, 汪远, 马金双. 2019. 我国地方植物志出版情况简介(九). 广西植物, 39(11): 1470-1474.

刘全儒, 于明, 马金双. 2007. 中国地方植物志评述. 广西植物, 27(6): 844-849.

刘山林, 邱娜, 张纾意, 等. 2022. 基因组学技术在生物多样性保护研究中的应用. 生物多样性, 30(10): 334-354.

刘洋, 张一平, 何大明, 等. 2007. 纵向岭谷区山地植物物种丰富度垂直分布格局及气候解释. 科学通报, 52: 43-50.

刘哲荣. 2017. 内蒙古珍稀濒危植物资源及其优先保护研究. 呼和浩特: 内蒙古农业大学.

刘哲荣, 刘果厚, 高润宏. 2018. 内蒙古珍稀濒危植物及其区系研究. 西北植物学报, 38(9): 1740-1752.

刘哲荣, 刘果厚, 高润宏. 2019. 内蒙古珍稀濒危植物濒危现状及优先保护评估. 应用生态学报, 30(6): 1974-1982.

刘志民，马君玲．2008．沙区植物多样性保护研究进展．应用生态学报，19(1): 183-190.

娄治平，马克平，佟凤勤．1996．生物多样性保护与持续利用研究．世界科技研究与发展，18(5): 52-55.

卢琦，李永华，崔向慧，等．2020．中国荒漠生态系统定位研究网络的建设与发展．中国科学院院刊，35: 779-793.

逯金鑫，周荣磊，刘洋洋，等．2023．黄土高原植被覆被时空动态及其影响因素．水土保持研究，30(2): 211-219.

马敖．2019．辽宁省岗山省级森林公园大型真菌多样性研究．长春：吉林农业大学．

马金双．1990．我国地方植物志出版情况简介．广西植物，10(3): 268-269.

马金双．2023．中国二十一世纪的园林之母．北京：中国林业出版社．

马克平．2019．从《海南植物图志》看中国地方植物志编研的新方向．生物多样性，27(3): 353-354.

马克平．2023．《昆明–蒙特利尔全球生物多样性框架》是重要的全球生物多样性保护议程．生物多样性，31: 5-6.

马克平，娄治平，苏荣辉．2010．中国科学院生物多样性研究回顾与展望．中国科学院院刊，25(6): 634-644.

马鸣．2011．新疆鸟类分布名录．北京：科学出版社．

米湘成，冯刚，张健，等．2021．中国生物多样性科学研究进展评述．中国科学院院刊，36(4): 384-398.

穆兴民，赵广举，高鹏，等．2020．黄河未来输沙量态势及其适用性对策．水土保持通报，40(5): 328-332.

内蒙古自治区人民政府．2020．自治区政府新闻办召开内蒙古防沙治沙成效新闻发布会．https://www.nmg.gov.cn/zwgk/xwfb/fbh/zxfb-fbh/202007/t20200715_230031.html[2024-05-16].

能乃扎布．1999．内蒙古昆虫．呼和浩特：内蒙古人民出版社．

NSTL香山科学会议主题情报服务组．2024．国际科学前沿重点领域和方向发展态势报告2023．北京：电子工业出版社．

潘保华．2018．山西大型真菌野生资源图鉴．北京：科学技术文献出版社．

庞启航，毕忠飞，樊晓华，等．2022．新时期黄土高原水土流失治理存在问题与对策．人民黄河，44(S1): 73-74.

乔格侠．2018．中国动物志：昆虫纲 第60卷，半翅目．扁蚜科．平翅棉蚜科．北京：科学出版社．

乔格侠．2021．中国科学院生物标本馆．北京：科学出版社．

乔格侠，张广学，姜立云，等．2009．河北动物志：蚜虫类．石家庄：河北科学技术出版社．

秦天宝，刘斯羽．2022．《生物多样性公约》谈判背景下中国生物多样性保护法律体系再审视．阅江学刊，14(6): 95-104, 170.

秦天宝，刘彤彤．2019．生态文明战略下生物多样性法律保护．中国生态文明，(2): 24-30.

覃海宁，刘慧圆，何强，等．2019．中国植物标本馆索引（第二版）．北京：科学出版社．

任海，郭兆晖．2021．中国生物多样性保护的进展及展望．生态科学，40(3): 247-252.

任月恒，朱彦鹏，付梦娣，等．2022．黄河流域濒危物种保护热点区与保护空缺识别．生态学报, 42(3): 982-989.

芳旭. 2021. 10.4 万张照片！三江源多种野生动物"亮颜值". 西宁晚报, A03.

陕西省地方志编纂委员会. 2000. 陕西省志：地理志. 西安：陕西人民出版社.

申宇, 程浩, 刘国华, 等. 2024. 基于生物多样性和生态系统服务的青藏高原保护优先区和保护空缺识别. 生态学报, 44(11): 1-10.

沈靖然. 2021. 中国科学院生物多样性成果发布. https://wap.peopleapp.com/article/6328017/6219085[2024-06-20].

沈泽昊, 张志明, 胡金明, 等. 2016. 西南干旱河谷植物多样性资源的保护与利用. 生物多样性, 24: 475-488.

生态环境部, 国家发展改革委, 自然资源部, 等. 2022. 生态环境部等 4 部门联合印发《黄河流域生态环境保护规划》. 城市规划通讯, (14): 20.

师尚礼. 2023. 西部旱区寒区草类植物种质资源研究现状与发展机制. 中国工程科学, 25(4): 81-91.

石毅. 2017. 内蒙古各级自然保护区面积达 12.68 万平方公里. https://inews.nmgnews.com.cn/system/2017/09/29/012402215.shtml[2024-05-16].

舒方瑜. 2022. 有机物料对黄土高原新造土地水肥和春玉米产量的影响. 杨凌：西北农林科技大学.

舒隆焕. 2018. 延安子午岭又发现新物种 生物多样性越来越丰富. https://www.cnr.cn/sxpd/sx/20180611/t20180611_524266515.shtml[2018-06-11].

司文轩. 1994. 青海省生物多样性保护浅析. 青海环境. 4(3): 115-119.

宋大祥, 杨思谅. 2009. 河北动物志：甲壳类. 石家庄：河北科学技术出版社.

宋大祥, 朱明生, 陈军. 2001. 河北动物志：蜘蛛类. 石家庄：河北科学技术出版社.

宋刚, 孙丽华, 王黎元. 2011. 贺兰山大型真菌图鉴. 银川：阳光出版社.

宋建军, 艾蒿, 刘通, 等. 2023. 做好黄土高原生态治理这篇大文章. 今日国土, (S1): 35-39.

宋明慧. 2022. 青海：以国家公园为主体的新型自然保护地体系基本成型. https://epaper.tibet3.com/qhrb/html/202209/19/content_110792.html[2024-06-20].

宋年铎, 王伟, 王利明, 等. 2013. 生物多样性研究进展及展望. 内蒙古林业调查设计, 36(2): 138-140.

宋振江, 吴宝姝. 2022. 秦岭大熊猫自然保护区群"社会—生态"系统协调发展及其时空格局研究. 陕西林业科技, 50(1): 66-75.

苏云, 袁丽丽, 王晓勤. 2022. 砥砺奋进贺兰山生物多样性保护成效显著. 内蒙古林业, (5): 21-25.

孙航, 邓涛, 陈永生, 等. 2017. 植物区系地理研究现状及发展趋势. 生物多样性, 25: 111-122.

孙丽华, 宋刚, 王黎元, 等. 2012. 贺兰山大型真菌生态多样性研究. 安徽农业科学, 40(4): 2219-2222, 2346.

孙卫邦, 杨静, 刀志灵. 2019. 云南省极小种群野生植物研究与保护. 北京：科学出版社.

孙佑海. 2019. 生物多样性保护主流化法治保障研究. 中国政法大学学报, 5: 38-49, 206-207.

汤凌, 黄宝荣, 靳彤, 等. 2024. 欧盟 Natura 2000 自然保护地网络建设的经验与启示. 中国科学院院刊, 39(2): 250-261.

田文坦, 刘扬, 王树彦, 等. 2015. 内蒙古外来入侵物种及其对草原的影响. 草业科学, 32(11): 1781-1788.

通乐嘎, 赵斌, 乌兰图雅, 等. 2022. 内蒙古荒漠草原植物多样性研究进展及生态恢复措施. 农业与技术, 42(1): 94-96.

图力古尔. 2024. 中国科尔沁沙地大型真菌多样性. 北京: 科学出版社.

王斌. 2023. 塔里木盆地主要荒漠植物群落多样性特征与生态因子关系研究. 阿拉尔: 塔里木大学.

王晨绯. 2015. 守望草原——记内蒙古锡林郭勒草原生态系统国家站. https://www.cas.cn/cm/201504/t20150420_4341581.shtml[2024-05-17].

王海燕, 张馨之, 王海鹰, 等. 2022. 黄土高原生态系统保护修复潜在风险与优先发展领域. 陕西林业科技, 50(5): 86-89.

王鸿媛. 1994. 北京鱼类和两栖、爬行动物志. 北京: 北京出版社.

王健铭, 董芳宇, 巴海·那斯拉, 等. 2016. 中国黑戈壁植物多样性分布格局及其影响因素. 生态学报, 36(12): 3488-3498.

王晶, 李远航, 张帆. 2023. 基于水源涵养功能的黄土高原林草植被结构调控机制. 中国水土保持, (9): 14-19.

王静, 王兵, 张智键, 等. 2024. 纸坊沟小流域近80年来土地利用变化及其土壤保持效应. 水土保持研究, 31(3): 90-100.

王军有, 郭斌, 康艾, 等. 2021. 内蒙古自治区生物多样性研究(1)——生态系统多样性. 干旱区资源与环境, 35(7): 156-162.

王立安, 通占元. 2011. 河北省野生大型真菌原色图谱. 北京: 科学出版社.

王莉英, 马秀梅, 胡志健. 2024. 强化湿地和野生动物保护管理 建设人与自然和谐共生的大兴安岭. 内蒙古林业, (3): 8-11.

王思博, 杨赣源. 1983. 新疆啮齿动物志. 乌鲁木齐: 新疆人民出版社.

王所安, 王志敏, 李国良, 等. 2001. 河北动物志: 鱼类. 石家庄: 河北科学技术出版社.

王铁娟, 韩国栋, 李富雄. 2007. 内蒙古沙生植物的区系特征. 干旱区资源与环境, 21(8): 152-156.

王香亭. 1990. 宁夏脊椎动物志. 银川: 宁夏人民出版社.

王香亭. 1991. 甘肃脊椎动物志. 兰州: 甘肃科学技术出版社.

王向川, 高之奇, 郭萍, 等. 2014. 子午岭自然保护区藓类植物区系分析. 西北大学学报(自然科学版), 44(1): 75-80.

王晓慧. 2023-10-16. "一亿棵梭梭"的十年. 华夏时报, 005.

王效科, 赵同谦, 欧阳志云, 等. 2004. 乌梁素海保护的生态需水量评估. 生态学报, 24(10): 2124-2129.

王忻, 郭春荣, 李岩, 等. 2022. 内蒙古自治区耕地变化与城市化相关关系分析研究. 内蒙古科技与经济, (9): 84-87.

王雪珊, 图力古尔, 宝金山, 等. 2020. 内蒙古罕山国家级自然保护区大型真菌多样性. 菌物学报, 39(4): 695-706.

王廷正, 许文贤. 1993. 陕西啮齿动物志. 西安: 陕西师范大学出版社.

王宜凡，贺俊英．2021．内蒙古外来入侵植物种类调查及相关分析．生物安全学报，30(4)：256-262．

王毅，巫金洪，储诚进，等．2023．中国生态安全屏障体系建设现状、主要问题及对策建议．生态学报，43：166-175．

王远东．2008．庆阳市：加强野生动物保护．中国林业，(15)：51．

魏辅文，黄广平，樊惠中，等．2021a．中国濒危兽类保护基因组学和宏基因组学研究进展与展望．兽类学报，41：581-590．

魏辅文，平晓鸽，胡义波，等．2021b．中国生物多样性保护取得的主要成绩、面临的挑战与对策建议．中国科学院院刊，36(4)：375-383．

吴建国，吕佳佳，艾丽．2009．气候变化对生物多样性的影响：脆弱性和适应．生态环境学报，18(2)：693-703．

吴巧丽，张鑫阳，蒋捷．2023．基于MODIS和CLCD数据的黄土高原土地利用变化检测及其对植被碳吸收模拟的影响．地理与地理信息科学，39(5)：30-38．

吴晓萍．2019．气候灾害下黄土高原农户生计恢复力研究——基于苹果种植户的调查．杨凌：西北农林科技大学．

吴跃峰，武明录，曹平萍，等．2009．河北动物志：两栖，爬行，哺乳动物类．石家庄：河北科技出版社．

肖晶，饶良懿．2023．2001～2020年乌梁素海流域植被NPP时空变化及驱动因素分析．环境科学，10：1-19．

肖俞，胡金明，段禾祥，等．2023b．网格尺度下外来入侵植物对高黎贡山生态系统服务影响的空间分析．生物安全学报，32：153-160．

肖俞，李宇然，段禾祥，等．2023a．高黎贡山外来植物入侵现状及管控建议．生物多样性，31：126-134．

肖增祜，等．1988．辽宁动物志：兽类．沈阳：辽宁科学技术出版社．

辛良杰，李秀彬，谈明洪，等．2015．2000—2010年内蒙古防沙带草地NPP的变化特征．干旱区研究，32(3)：585-591．

徐彪，宋佳歌，邱君志．2022．新疆托木尔峰国家级自然保护区大型真菌图鉴．长春：吉林大学出版社．

徐海根．1998．我国生物多样性信息系统建设若干问题研究．农村生态环境，14(4)：11-15，18．

徐静，春英．2021．内蒙古森林公园与森林旅游发展研究．内蒙古林业，(11)：36-38．

徐智超，刘华民，韩鹏，等．2021．内蒙古生态安全时空演变特征及驱动力．生态学报，41：4354-4366．

许周菲．2022．甘肃践行习近平生态文明思想研究．兰州：兰州大学．

旭日干．2007．内蒙古动物志(第三卷)：鸟纲，非雀形目．呼和浩特：内蒙古大学出版社．

旭日干．2011．内蒙古动物志(第一～第六卷)：呼和浩特：内蒙古大学出版社．

旭日干．2015．内蒙古动物志(第四卷)：鸟纲，雀形目．呼和浩特：内蒙古大学出版社．

旭日干．2016a．内蒙古动物志(第五卷)：哺乳纲，啮齿目 兔形目．呼和浩特：内蒙古大学出版社．

旭日干．2016b．内蒙古动物志(第六卷)：哺乳纲，非啮齿动物．呼和浩特：内蒙古大学出版社．

严陶韬, 薛建辉. 2021. 中国生物多样性研究文献计量分析. 生态学报, 41(19): 7879-7892.

颜文博, 张洪海, 张承德. 2006. 达赉湖自然保护区湿地生物生境保护. 国土与自然资源研究, (2): 47-48.

杨爱群. 2021. 内蒙古生物多样性丰富而独特. https://sthjt.nmg.gov.cn/sthjdt/zzqsthjdt/202108/t20210810_1799758.html[2023-06-22].

杨茂发. 2017. 中国动物志：昆虫纲 第六十七卷：半翅目 叶蝉科（二）大叶蝉亚科. 北京：科学出版社.

杨明, 周桔, 曾艳, 等. 2021. 我国生物多样性保护的主要进展及工作建议. 中国科学院院刊, 36(4): 399-408.

杨萍, 白永飞, 宋长春, 等. 2020. 野外站科研样地建设的思考、探索与展望. 中国科学院院刊, 35: 125-135.

杨锐, 彭钦一, 曹越, 等. 2019. 中国生物多样性保护的变革性转变及路径. 生物多样性, 27(9): 1032-1040.

杨扬, 陈建国, 宋波, 等. 2019. 青藏高原冰缘植物多样性与适应机制研究进展. 科学通报, 64(27): 2856-2864.

杨阳, 张萍萍, 吴凡, 等. 2023. 黄土高原植被建设及其对碳中和的意义与对策. 生态学报, 43(21): 9071-9081.

杨永志, 闫海霞, 高润宏. 2019. 内蒙古特有种子植物与区域环境关系研究. 内蒙古农业大学学报：自然科学版, 40(5): 32-36.

叶晗, 朱立志. 2014. 内蒙古牧区草地生态补偿实践评析. 草业科学, 31(8): 1587-1596.

叶奕宏, 武雅丽, 唐宇琨, 等. 2021. 植被覆盖率提高 涵养水量增加 黄土高原2000年以来生态保护成效显著. https://www.cma.gov.cn/2011xwzx/ywfw/202104/t20210402_574590.html[2023-04-02].

尹倩倩. 2023. 黄土高原破碎生境下的华北豹种群遗传现状、食性及人兽冲突研究. 曲阜：曲阜师范大学.

应俊生, 张志松. 1984. 中国植物区系中的特有现象：特有属的研究. 植物分类学报, 22: 259-268.

游章强, 蒋志刚, 李春旺, 等. 2013. 草原围栏对普氏原羚行为和栖息地面积的影响. 科学通报, 58: 1557-1564.

于文轩. 2013. 生物多样性政策与立法研究. 北京：知识产权出版社.

于晓丹, 王琴, 吕淑霞. 2017. 辽东地区大型真菌彩色图鉴. 沈阳：辽宁科学技术出版社.

袁国映. 1991. 新疆脊椎动物简志. 乌鲁木齐：新疆人民出版社.

曾全超. 2015. 黄土高原不同植被生态系统土壤微生物多样性及其影响因素研究. 北京：中国科学院研究生院（教育部水土保持与生态环境研究中心）.

张健, 孔宏智, 黄晓磊, 等. 2022. 中国生物多样性研究的30个核心问题. 生物多样性, 30: 22609.

张杰. 2021-11-03. 富饶的湖泊 鸟儿的乐园——我市生物多样性保护工作综述. 巴彦淖尔日报（汉）, 001.

张文辉, 李登武, 刘国彬, 等. 2002. 黄土高原地区种子植物区系特征. 植物研究, (3): 373-379.

张希彪, 上官周平. 2005. 黄土高原子午岭种子植物区系特征研究. 生态学杂志, (8): 872-877.

张鑫, 杨杰. 2007. 生物多样性的丧失原因与保护策略. 安徽农学通报, 13(10): 69-70.

张雅棉, 贾亦飞, 焦盛武, 等. 2012. 乌梁素海湿地：迁徙候鸟的重要栖息地. 资源与生态学报, 3: 316-323.

张燕婷. 2014. 北方防沙带土地利用格局演变特征及防风固沙功能变化评估研究. 南昌：江西财经大学.

张一心, 赵吉, 王立新, 等. 2014. 不同管理措施下内蒙古草地碳汇潜势分析. 内蒙古大学学报(自然科学版), 3: 318-323.

张照营. 2017. 北方防沙屏障带防风固沙生态系统服务功能变化评估. 西安：长安大学.

张志敏, 杨悦, 白玉泉, 等. 2020. 内蒙古出入境边防检查总站·筑牢"两个屏障"书写北疆八千里平安答卷. 中国出入境观察, (1): 33-35.

赵飞. 2021. 云南省生物多样性法治保护的实践与探索——以联合国《生物多样性公约》缔约方大会第十五次会议为视角. 中国司法, (12): 103-107.

赵格日乐图, 灵燕, 高敏. 2019. 近年来乌梁素海疣鼻天鹅种群数量变化及原因分析. 动物学杂志, 54: 8-14.

赵美丽. 2021. 内蒙古：湿地保护修复见成效. 国土绿化, (2): 14-17.

赵朋波, 邱开阳, 谢应忠, 等. 2022. 海拔梯度对贺兰山岩羊主要活动区植物群落特征的影响. 草业学报, 31: 79-90.

赵淑文, 燕玲. 2008. 阿拉善荒漠区种子植物区系特征分析. 干旱区资源与环境, 22(11): 167-174.

赵文阁, 等. 2008. 黑龙江省两栖爬行动物志. 北京：科学出版社.

赵晓娅. 2020. 黄土高原天然林保护与利用的问题研究与分析. 农业开发与装备, (10): 63-64.

赵一之, 曹瑞. 1996. 内蒙古的特有植物. 内蒙古大学学报(自然科学版), 27(2): 208-213.

赵一之, 曹瑞, 赵利清. 2020. 内蒙古植物志(第三版). 呼和浩特：内蒙古人民出版社.

赵正阶. 1999. 中国东北地区珍稀濒危动物志. 北京：中国林业出版社.

甄飞. 2023. 筑牢北方生态安全屏障：天水市秦州区科学实施"三北"防护林工程建设. 中国林业产业, (7): 58-59.

郑光美. 2023. 中国鸟类分类与分布名录(第四版). 北京：科学出版社.

郑生武, 等. 1994. 中国西北地区珍稀濒危动物志. 北京：中国林业出版社.

中国科学院西北高原生物研究所. 1989. 青海经济动物志. 西宁：青海人民出版社.

中国气象报社. 2021. 全球变暖背景下青藏高原发生了哪些变化. https://www.cma.gov.cn/2011xwzx/2011xqxxw/2011xqxyw/202108/t20210824_583484.html[2024-06-20].

中国西南野生生物种质资源库. 2023. 中国西南野生生物种质资源库. http://www.genobank.org/Departments[2023-02-01].

周怡婷, 严俊霞, 刘菊, 等. 2024. 2000～2021年黄土高原生态分区NEP时空变化及其驱动因子. 环境科学, 45(5): 2806-2816.

朱卫东, 孙卫邦, 邓涛, 等. 2018. 中-乌全球葱园："丝绸之路"的绿色明珠. 中国科学院院刊, 33: 67-70.

朱旭, 李嘉奇. 2023. 全球协同落实《昆明-蒙特利尔全球生物多样性框架》的挑战与出路：

基于 SFIC 模型的分析. 生物多样性, 31: 172-180.

朱学泰, 蒋长生. 2021. 甘肃连城国家级自然保护区大型真菌图鉴. 北京: 中国林业出版社.

朱永官, 沈仁芳, 贺纪正, 等. 2017. 中国土壤微生物组: 进展与展望. 中国科学院院刊, 32(6): 542, 554-565.

Alexandre A. 2023. Five essentials for area-based biodiversity protection. Nature Ecology & Evolution, 7(5): 630-631.

Bardgett R D, Bullock J M, Lavorel S, et al. 2021. Combatting global grassland degradation. Nature Reviews Earth & Environment, 2: 720-735.

Beaury E M, Sofaer H R, Early R, et al. 2023. Macroscale analyses suggest invasive plant impacts depend more on the composition of invading plants than on environmental context. Global Ecology and Biogeography, 32(11): 1964-1976.

Bellard C, Marino C, Courchamp F. 2022. Ranking threats to biodiversity and why it doesn't matter. Nature Communications, 13: 2616.

Bongaarts J. 2019. Summary for policymakers of the global assessment report on biodiversity and ecosystem services of the intergovernmental Science-Policy Platform on Biodiversity and Ecosystem Services. Population and Development Review, 45: 680-681.

Cai Q Y, Chen W, Chen S F, et al. 2024. Recent pronounced warming on the Mongolian Plateau boosted by internal climate variability. Nature Geoscience, 17(3): 181-188.

Cardinale B J, Duffy J E, Gonzalez A, et al. 2012. Biodiversity loss and its impact on humanity. Nature, 486(7401): 59-67.

Chen D, Wei W, Chen L D, et al. 2024. Response of soil nutrients to terracing and environmental factors in the Loess Plateau of China. Geography and Sustainability, 5(2): 230-240.

Chen G K, Wang X, Ma K P. 2020. Red list of China's forest ecosystems: A conservation assessment and protected area gap analysis. Biological Conservation, 248: 108636.

Chen Y S, Deng T, Zhou Z, et al. 2018. Is the East Asian flora ancient or not? National Science Review, 5: 920-932.

Craven D, Eisenhauer N, Pearse W D, et al. 2018. Multiple facets of biodiversity drive the diversity-stability relationship. Nature Ecology & Evolution, 2(10): 1579-1587.

Delavaux C S, Crowther T W, Zohner C M, et al. 2023. Native diversity buffers against severity of non-native tree invasions. Nature, 621(7980): 773-781.

Delgado-Baquerizo M, Maestre F T, Reich P B, et al. 2016. Microbial diversity drives multifunctionality in terrestrial ecosystems. Nature Communications, 7: 10541.

Deng L, Shangguan Z P. 2021. High quality developmental approach for soil and water conservation and ecological protection on the Loess Plateau. Frontiers Agricultural Science and Engineering, 8(4): 501-511.

Deng T, Zhang J W, Luo D, et al. 2019. Advances in the studies of plant diversity and ecological adaptation in the subnival ecosystem of the Qinghai-Tibet Plateau. Chinese Science Bulletin, 64: 2856-2864.

Du Z R, Yu L, Chen X, et al. 2024. Land use/cover and land degradation across the Eurasian

Steppe: Dynamics, patterns and driving factors. Science of the Total Environment, 909: 168593.

Duan M Z, Bao H Y, Bau T. 2021. Analyses of transcriptomes and the first complete genome of Leucocalocybe mongolica provide new insights into phylogenetic relationships and conservation. Scientific Reports, 11: 2930.

Feng T J, Wei T X, Saskia D, et al. 2023. Long-term effects of vegetation restoration on hydrological regulation functions and the implications to afforestation on the Loess Plateau. Agricultural and Forest Meteorology, 330: 109313.

Fu B Y, Ouyang Z Y, Shi P. et al. 2021.Current condition and protection strategies of Qinghai-Tibet Plateau ecological security barrier. Bulletin of the Chinese Academy of Sciences, 36(11): 1298-1306.

Fu Q, Huang X H, Li L J, et al. 2022. Linking evolutionary dynamics to species extinction for flowering plants in global biodiversity hotspots. Diversity and Distributions, 28: 2871-2885.

Gao M, Xiong C, Tsui C K M, et al. 2024. Pathogen invasion increases the abundance of predatory protists and their prey associations in the plant microbiome. Molecular Ecology, 33: e17228.

Ghisbain G, Thiery W, Massonnet F, et al. 2024. Projected decline in European bumblebee populations in the twenty-first century. Nature, 628: 337-341.

Guo J P, Li F Y, Tuvshintogtokh I, et al. 2024. Past dynamics and future prediction of the impacts of land use cover change and climate change on landscape ecological risk across the Mongolian Plateau. Journal of Environmental Management, 355: 120365.

Guo X N, Chen R S, Thomas D S G, et al. 2021. Divergent processes and trends of desertification in Inner Mongolia and Mongolia. Land Degradation & Development, 32: 3684-3697.

Hessl A E, Anchukaitis K J, Jelsema C, et al. 2018. Past and future drought in Mongolia. Science Advances, 4: e1701832.

Huang J H, Huang J H, Liu C R, et al. 2016. Diversity hotspots and conservation gaps for the Chinese endemic seed flora. Biological Conservation, 198: 104-112.

Jaureguiberry P, Titeux N, Wiemers M, et al. 2022. The direct drivers of recent global anthropogenic biodiversity loss. Science Advances, 8: eabm9982.

Kazenel M R, Wright K W, Griswold T, et al. 2024. Heat and desiccation tolerances predict bee abundance under climate change. Nature, 628(8007): 342-348.

Kennedy D. 2005. 125. Science, 309: 19.

Kuai X Y, Fu Q S, Sun H, et al. 2024. Expeditionplus: The Application of a Gridded System in the Integration of Multidimensional Environmental Factors. https://www.sciencedirect.com/science/article/pii/S2468265924000143?via%3Dihub[2024-06-15].

Lark T J, Spawn S A, Bougie M, et al. 2020. Cropland expansion in the United States produces marginal yields at high costs to wildlife. Nature Communications, 11: 4295.

Larson E R, Armstrong E M, Harper H, et al. 2023. One hundred important questions for plant science – reflecting on a decade of plant research. New Phytologist, 238: 464-469.

Li D Z, Pritchard H W. 2009. The science and economics of ex situ plant conservation. Trends in Plant Science, 14(11): 614-621.

Li G S, Yu L X, Liu T X, et al. 2023. Spatial and temporal variations of grassland vegetation on the Mongolian Plateau and its response to climate change. Frontiers in Ecology and Evolution, 11: 1067209.

Li J J, Li Q, Wu Y X, et al. 2021. Mountains act as museums and cradles for hemipteran insects in China: Evidence from patterns of richness and phylogenetic structure. Global Ecology and Biogeography, 30(5): 1070-1085.

Li Z J, Liang M W, Li Z Y, et al. 2021. Plant functional groups mediate effects of climate and soil factors on species richness and community biomass in grasslands of Mongolian Plateau. Journal of Plant Ecology, 14: 679-691.

Liang M W, Liang C Z, Hautier Y, et al. 2021. Grazing‐induced biodiversity loss impairs grassland ecosystem stability at multiple scales. Ecology Letters, 24: 2054-2064.

Liu G B, Shangguan Z P, Yao W Y, et al. 2017. Ecological effects of soil conservation in Loess Plateau. Bulletin of Chinese Academy of Sciences, 32(1): 11-19.

Liu Z M, Li X L, Yan Q L, et al. 2007. Species richness and vegetation pattern in interdune lowlands of an active dune field in Inner Mongolia, China. Biological Conservation, 140(1-2): 29-39.

Loreau M, Naeem S, Inchausti P, et al. 2001. Biodiversity and ecosystem functioning: Current knowledge and future challenges. Science, 294: 804-808.

Love S J, Schweitzer J A, Woolbright S A, et al. 2023. Sky islands are a global tool for predicting the ecological and evolutionary consequences of climate change. Annual Review of Ecology, Evolution, and Systematics, 54: 219-236.

Ma W H, Li F Y, Liang C Z, et al. 2024. The steppes demonstrate higher productivity but lower diversity in Inner Mongolia than Mongolia: Driven by climate or land use? Biodiversity and Conservation, 33(5): 1827-1843.

Montràs-Janer T, Suggitt A J, Fox R, et al. 2024. Anthropogenic climate and land-use change drive short-and long-term biodiversity shifts across taxa. Nature Ecology & Evolution, 8(4): 739-751.

Murali G, de Oliveira Caetano G H, Barki G, et al. 2022. Emphasizing declining populations in the Living Planet Report. Nature, 601: E20-E24.

Myers N, Mittermeier R A, Mittermeier C G, et al. 2000. Biodiversity hotspots for conservation priorities. Nature, 403: 853-858.

Niu Y, Stevens M, Sun H. 2021. Commercial harvesting has driven the evolution of camouflage in an alpine plant. Current Biology, 31: 446-449.

Ouyang Z Y, Zheng H, Xiao Y, et al. 2016. Improvements in ecosystem services from investments in natural capital. Science, 352(6292): 1455-1459.

Piao J L, Chen W, Wei K, et al. 2023. Increased sandstorm frequency in North China in 2023: Climate change reflection on the Mongolian Plateau. The Innovation, 4: 100497.

Qi H C, Gao X, Lei J Q, et al. 2024. Transforming desertification patterns in Asia: Evaluating trends, drivers, and climate change impacts from 1990 to 2022. Ecological Indicators, 161:

111948.

Qi J G, Chen J Q, Wan S Q, et al. 2012. Understanding the coupled natural and human systems in Dryland East Asia. Environmental Research Letters, 7: 015202.

Qi W H, Hu X M, Bai H, et al. 2024. Decreased river runoff on the Mongolian Plateau since around 2000. Landscape Ecology, 39: 79.

Qian L S, Chen J H, Deng T, et al. 2020. Plant diversity in Yunnan: Current status and future directions. Plant Diversity, 42: 281-291.

Qin W F, Niu L L, You Y L, et al. 2024. Effects of conservation tillage and straw mulching on crop yield, water use efficiency, carbon sequestration and economic benefits in the Loess Plateau region of China: A meta-analysis. Soil and Tillage Research, 238: 106025.

Qiu J. 2016. Trouble in Tibet. Nature, 529: 142-145.

Rahbek C, Borregaard M K, Colwell R K, et al. 2019. Humboldt's enigma: What causes global patterns of mountain biodiversity? Science, 365: 1108-1113.

Ross S R J, Arnoldi J F, Loreau M, et al. 2021. Universal scaling of robustness of ecosystem services to species loss. Nature Communications, 12: 5167.

Seto K C, Fragkias M, Güneralp B, et al. 2011. A meta-analysis of global urban land expansion. PLoS One, 6: e23777.

Steffens M, Kölbl A, Totsche K U, et al. 2008. Grazing effects on soil chemical and physical properties in a semiarid steppe of Inner Mongolia. Geoderma, 143: 63-72.

Su B Q, Su Z X, Shangguan Z P. 2021. Trade-off analyses of plant biomass and soil moisture relations on the Loess Plateau. Catena, 197(1): 104946.

Su H, Xu H, Su B Y, et al. 2023. Macrocyclic lactone residues in cattle dung result in a sharp decline in the population of dung beetles in the rangelands of Northern China. Agriculture, Ecosystems & Environment, 356: 108621.

Sun H, Zhang J W, Deng T, et al. 2017. Origin and evolution of plant diversity in the Hengduan Mountains. Plant Diversity, 39: 161-166.

Sun Z X, Behrens P, Tukker A, et al. 2022. Global human consumption threatens key biodiversity areas. Environmental Science & Technology, 56: 9003-9014.

Suttie J M, Reynolds S G, Batello C. 2005. Grasslands of the World. Food and Agriculture Organization of the United Nations.

Unkovich M, Nan Z B. 2008. Problems and prospects of grassland agroecosystems in western China. Agriculture, Ecosystems & Environment, 124: 1-2.

Wagg C, Roscher C, Weigelt A, et al. 2022. Biodiversity-stability relationships strengthen over time in a long-term grassland experiment. Nature Communications, 13: 7752.

Wang X Z, Wu J Z, Liu Y L, et al. 2022. Driving factors of ecosystem services and their spatiotemporal change assessment based on land use types in the Loess Plateau. Journal of Environmental Management, 311: 114835.

Wang Y F, Cadotte M W, Chen Y X, et al. 2019. Global evidence of positive biodiversity effects on spatial ecosystem stability in natural grasslands. Nature Communications, 10: 3207.

Wardle D A, Lindahl B D. 2014. Disentangling global soil fungal diversity. Science, 346: 1052-1053.

Wu L W, Zhang Y, Guo X, et al. 2022. Reduction of microbial diversity in grassland soil is driven by long-term climate warming. Nature Microbiology, 7: 1054-1062.

Xu F W, Li J J, Su J S, et al. 2024. Understanding the drivers of ecosystem multifunctionality in the Mongolian Steppe: The role of grazing history and resource input. Agriculture, Ecosystems & Environment, 359: 108748.

Xu Y, Huang J H, Lu X H, et al. 2019. Priorities and conservation gaps across three biodiversity dimensions of rare and endangered plant species in China. Biological Conservation, 229: 30-37.

Zhang Y F, Feng T J, Wang L Q, et al. 2023. Effects of long-term vegetation restoration on soil physicochemical properties mainly achieved by the coupling contributions of biological synusiae to the Loess Plateau. Ecological Indicators, 152: 110353.

Zhang Y Z, Qian L S, Spalink D, et al. 2021. Spatial phylogenetics of two topographic extremes of the Hengduan Mountains in Southwestern China and its implications for biodiversity conservation. Plant Diversity, 43: 181-191.

Zhang Z J, He J S, Li J S, et al. 2015. Distribution and conservation of threatened plants in China. Biological Conservation, 192: 454-460.

Zhao L N, Li J Y, Liu H Y, et al. 2016. Distribution, congruence, and hotspots of higher plants in China. Scientific Reports, 6: 19080.

Zhou J, Jiang X, Zhou B K, et al. 2016. Thirty-four years of nitrogen fertilization decreases fungal diversity and alters fungal community composition in black soil in northeast China. Soil Biology and Biochemistry, 95: 135-143.

Zhu Q A, Chen H, Peng C H. et al. 2023. An early warning signal for grassland degradation on the Qinghai-Tibetan Plateau. Nature Communications, 14: 6406.